Achtung . . .
Bakterien!

ihre Beschaff

ihre Bedeutung

ihre Bekämpfung

Von
Dr. Eduard Strauß

Mit 55 Abbildungen im Text

11. Auflage

ISBN 3-87240-053-3

Alwin Fröhlich
Verlag
Frankfurt/M.

Inhaltsverzeichnis

Vorwort

Kampf den Bakterien!

— ein Kriegsruf, dem schon Legionen von Forschern gefolgt und manche erlegen sind.

Einer aber, dessen Name wie ein leuchtender Stern am Himmel der Forschung um diese Dinge steht, einer, den wir mit Recht als den Begründer der Hygiene feiern dürfen, der Apotheker, Chemiker und Arzt M a x v o n P e t t e n k o f e r , ließ es sich nicht anfechten, in München vor seinen Studenten im Kolleg ein Frühstück aus Cholerabazillen zu verzehren . . ., er wollte das beweisen, was auch mit Gegenstand dieser Ausführungen hier sein soll: daß die Gefahr der Bakterien ihre Grenzen hat, daß der völlig gesunde Mensch über Einrichtungen verfügt, die ihm eine erfolgreiche Abwehr krankmachender Keime ermöglichen, und daß — eigenartig, aber nicht unerklärlich, wie wir noch sehen werden — diese Waffen bei dem Furchtlosen schärfer auf die fremden Eindringlinge niedersausen als dahinmähen als bei dem Ängstlichen, der immerzu auf der Hut ist, sich nicht anzustecken, und den es doch bei jeder Gelegenheit packt.

Nicht Angst zu wecken vor den gewiß unheimlichen, unsichtbaren Lebewesen, die uns in Myriadenschwärmen auf Schritt und Tritt begleiten und bedrohen, ist der Zweck dieses Büchleins, sondern: sie und ihre Welt besser kennenzulernen, ihre Lebensbedingungen und -äußerungen zu erfahren und vor allen Dingen Einblick zu gewinnen in die uns zur Verfügung stehenden Schutz-, Abwehr- und Kampforganisationen unseres Körpers und in die Möglichkeiten, diese zu besonders hohen Leistungen zu entwickeln.

Aber auch von den außerhalb unseres eigenen Körpers gelegenen Mitteln der Bakterienbekämpfung wird natürlich hier die Rede sein, von der Chemotherapie, von der Antisepsis und Asepsis, von Desinfektion, Sterilisation und wie die keimfeindlichen Maßnahmen alle heißen.

Wer das wissen will,

wer die wichtigsten Bakterien nach Art, Ansehen und Auftreten kennenlernen und erfahren will, was sie Böses oder auch Gutes — ja, auch Gutes! — für den Menschen zu bedeuten haben, und wer dann weiter sehen will, wie der Mensch sich mit dieser Welt der Kleinlebewesen, der Mikroben, bewußt oder unbewußt, auseinandersetzt, wie Sieg oder Niederlage beeinflußt und entschieden werden — für d e n ist dies Büchlein geschrieben, ganz gleich, ob es nur der Drang nach größerem Wissen ist, der ihn treibt, auch diesen Fragen nachzugehen, oder ob er damit Ziele und Absichten, sei es für sich, sei es für andere, sei es privater, sei es beruflicher Natur, verfolgt. Möge allen diesen die Lektüre dieses Büchleins das geben, was sie davon erwarten und erhoffen; in diesem Bestreben ist es geschrieben

Dr. E d u a r d S t r a u ß .

I. Allgemeine Bakterienkunde

Arten und biologische Bedeutung der Kleinlebewesen

Morgens, wenn Sie fortgehen
von Hause, sei es, daß Sie Ihre Arbeitsstätte aufsuchen, sei
es, daß Sie ein wenig frische Luft schöpfen wollen, bevor
Sie zu Hause Ihr Tagewerk aufnehmen — da hat es mit
den Bakterien noch weiter keine Gefahr. Da sind selbst in
der Großstadt nur vielleicht 500 von ihnen in 1 Kubikmeter Luft enthalten.

Wenn Sie mittags um 1 Uhr zu Tisch gehen, sieht die
Sache schon etwas anders aus: dann sind aus den 500 Keimen im Kubikmeter Luft ungefähr zwanzigmal so viel geworden, nämlich etwa 10 000; aber auch das will noch nicht
viel besagen. Denn erstens sind diese Bakterien noch lange
nicht alü wirkliche Krankheitskeime, und zweitens atmen Sie bei
10 Minuten Weg nicht mehr als etwa 10 000 Kubikzentimeter Luft ein, und mit den darin befindlichen verhältnismäßig geringen Mengen von schädlichen Bakterien wird
der Körper im allgemeinen ohne weiteres fertig. Gehen Sie
dann aber des Abends aus und schließen vielleicht an
einige Bierstunden noch einen Aufenthalt im Tanzkaffee,
dann können sie dort mit einem Bakteriengehalt von ungefähr 500 000 im Kubikmeter Luft rechnen.

Die Erklärung für diese Unterschiede im Keimgehalt
der Luft ist ganz einfach: Je staubfreier die Luft ist, desto
bakterienärmer ist sie auch; denn da den Bakterien die
Fähigkeit zu größerer Eigenbewegung fehlt, erfolgt ihre
Verbreitung durch die Luft mit Hilfe des Staubes, dem sie
anhaften; deshalb ist die staubfreie Luft über dem Meere
oder in großen Höhen (Gebirge) völlig bakterienfrei, während sie in öffentlichen Gast- und Vergnügungsstätten usw.,
in die unablässig in Mengen der Staub der Straßen und

Kleider hineingetragen und umhergewirbelt wird, so außerordentlich reich an Keimen ist, daß man die Hauptschuld an dem Schnupfen, der Angina, dem Luftröhrenkatarrh, der Grippe usw., die man sich geholt hat, nicht auf die kalten Füße zu schieben braucht, die man vielleicht am Morgen gehabt hat, sondern auf den abendlichen Aufenthalt in derartigen, von Menschen stark besuchten Stätten, insbesondere wenn der Genuß von Alkohol, den der Laie ja so gern als Gegenmittel gegen Erkältungen und Infektionskrankheiten betrachtet, weil seine Wirkung auf die Hautblutgefäße eine Erwärmung vortäuscht, unsere Widerstandskraft gegen die Infektionserreger g e s c h w ä c h t hat.

Hier ist ein Strich:

Man muß schon ziemlich genau hinsehen, um ihn zu erkennen; denn er ist nur 1 Millimeter lang — und doch: wenn man 1000 Bakterien von Durchschnittsgröße aneinanderreihte, so würden sie kaum die Länge dieses Striches erreichen; denn nur 1 Mikromillimeter, 1 Mikron oder ein μ (griechischer Buchstabe „My"), d. h. 0,001 = $^1/_{1000}$ Millimeter, ist die Durchschnittslänge eines Bazillus.

Halt! — Bazillus?

Bisher war nur immer von Bakterien die Rede; jetzt erscheinen auf einmal Bazillen (die Mehrzahl von Bazillus); was hat es damit auf sich?

Es ist gut, daß wir auf diese Weise gleich dazukommen, Verschiedenes aufzuklären.

Wir stehen zunächst nicht an, zu bekennen, daß wir von vornherein einen Fehler begangen haben; wir hätten nicht schreiben dürfen „Achtung! — Bakterien!" sondern wir hätten als Titel „Achtung! — Mikroben!" setzen müssen.

Aber das hätte nicht jeder verstanden; da wir jedoch um diese und einige anderen Bezeichnungen nicht herumkommen, müssen wir hierüber zunächst Klarheit schaffen.

„M i k r o b e n" oder „M i k r o b i e n" (von mikros = klein und bios = Leben), sind Kleinlebewesen, d. h. solche Organismen, die wir mit unbewaffnetem Auge nicht erkennen können.

Zu den Mikroben nun gehören alle die Lebewesen, die wir hier kennenlernen bzw. näher besprechen wollen, nämlich

1. die Bakterien
2. die Schimmel- und Hefepilze
3. die Urtierchen (Protozoen)
4. die sogenannten „Aphanozoen".

Was zunächst die für uns wichtigste Klasse der B a k -
t e r i e n betrifft, so unterscheiden wir hier wieder mehrere „Familien", nämlich

1. die Kokken (Kugelbakterien)
2. die Bazillen (Stäbchenbakterien)
3. die Spirillen (Schraubenbakterien)

und eine einfache bildliche Darstellung zeigt uns am besten
den Unterschied:

die K o k k e n (Coccus = runder Kern) sind kugelige Gebilde,
die B a z i l l e n (Bazillus = Stäbchen) sind stabförmige
Gebilde,
die S p i r i l l e n (Spira = das Gewundene) sind schraubenförmig gewundene Gebilde.

Abb. 1/3.

Kokken   Bazillen   Spirillen

Damit haben wir die äußerlichen Hauptmerkmale der
für uns wichtigsten Mikroben, der Bakterien, gekennzeichnet; aber nun kommt noch

eine große Überraschung:

diese zum Teil so gefährlichen Keime, deren viele imstande
sind, sich selbständig fortzubewegen, zählt die Naturwis-
senschaft gar nicht zu den tierischen Lebewesen, sondern
reiht sie der Pflanzenwelt ein, und ihre deutsche bota-
nische Bezeichnung lautet S p a l t p i l z e (Schizomyzeten);
„Pilze" aus Gründen der botanischen Systematik, deren
Erörterung wir uns versagen können, und „Spalt"Pilze
deshalb, weil sich diese Lebewesen einfach dadurch vermehren, daß sie sich nach e i n e r Richtung hin in die

Länge strecken und dann senkrecht zu dieser Richtung in zwei gleich große Teile spalten.

Geißel der Menschheit

— so hört man oft die Bakterien nennen; aber zu ihrer Ehrenrettung muß gesagt werden, daß es weit mehr nütz-liche als schädliche Bakterien bzw. Mikroben gibt, und da es recht und billig ist, jede Erscheinung, die für das menschliche Leben Bedeutung hat, zunächst auf ihre guten und dann auf ihre schlechten Seiten hin zu untersuchen, wollen wir auch hier erst, wenn auch nur kurz, derjenigen oder wenigstens der wichtigen Mikroben gedenken, die dem Menschen entweder nur von Nutzen oder wenigstens normalerweise nicht von Schaden sind.

Hierin gehören z. B. jene Bakterien, die für die Land-wirtschaft eine entscheidende Bedeutung haben. Ohne diese Mikroben wäre die Erde, wie einmal ein Forscher ausgesprochen hat,

ein großes Leichenfeld,

denn der Abbau der organischen Substanz, der Pflanzen-und Tierleichen in der Natur, wird letzten Endes durch Bakterien vollzogen; die Verwesung der pflanzlichen und tierischen Leibessubstanz, die Aufbereitung des Dungs zu für die Pflanzenernährung brauchbaren Stoffen und die Bildung jenes für den Boden so wertvollen Rückstandes an sogenannten Humusstoffen andererseits ist das Werk von Mikroben.

Bakterien sind es, welche die Fäulnis und Gärung der organischen Stoffe und damit die Bildung von Ammoniak verursachen, und andere Bakterien wiederum vollbringen eine der bewundernswertesten chemischen Leistungen, in-dem sie die Ammoniakverbindungen in Stickstoffsalze, ins-besondere in S a l p e t e r, verwandeln. Zwei Arten be-teiligen sich daran, die N i t r o s o m o n a s, die aus Am-moniak zunächst salpetrige Säure entstehen lassen, und die N i t r o m o n a s, welche diese salpetrige Säure zu Sal-petersäure oxydieren, die mit Kali den Salpeter bildet.

An den Wurzeln mancher Pflanzen finden sich knöll-chenartige Gebilde, in denen solche, für die Entwicklung und Nährstoffversorgung der Pflanze unentbehrlichen Bak-terien in

Symbiose

mit den Pflanzenzellen leben, d. h. in einer Gemeinschaft (Symbiose = Lebensgemeinschaft), die für beide Teile von Nutzen ist.

Abb. 4 zeigt uns eine Pflanzenzelle aus einem solchen Wurzelknöllchen, angefüllt mit nützlichen Bakterien (die stäbchenförmigen Gebilde im Zellinnern; ungefähr in der Zellmitte der Zellkern).

Diese „Knöllchenbakterien" vollbringen eine ganz außerordentliche Leistung für die Landwirtschaft, den Pflanzen-

Abb. 4.

Pflanzenzelle mit Bakterien

wuchs, den Bodenertrag: sie entreißen der Luft den freien Stickstoff und reichern den Stickstoffgehalt der Erde so an, daß Pflanzen, an denen diese Knöllchenbakterien vorkommen (z. B. Lupinen, Klee, Hülsenfrüchte) den Boden ohne Düngung nicht stickstoffärmer, sondern stickstoffreicher machen, so daß der Landmann, wenn er seinen Ackerboden mit Stickstoff anreichern, ihn ertragfähiger machen will, ihn einmal zwischendurch einfach mit Lupinen, Klee usw. bestellt.

Von großer Bedeutung ist auch die Mitwirkung von Kleinlebewesen bei der Herstellung menschlicher Nahrungs- und Genußmittel, und wir müssen hierbei in erster Linie jener Mikroben gedenken, die als H e f e allgemein bekannt sind.

Die Hefe, die wir uns für 5 Pfg. beim Bäcker kaufen, ist nichts anderes als eine Riesenmasse von Kleinlebewesen, von Hefepilzen (Abb. 5), deren Zellen im Gegensatz zu den Bakterien kernhaltig sind (die dunklen Gebilde in der Mitte der Hefezellen in Abb. 5), und die sich, wie an den Enden der Kolonie in Abb. 5 zu sehen ist, durch Sprossung und Abschnürung teilen und vermehren.

Die Hefepilze kommen weit verbreitet in der Natur vor, so auf den Schalen der Früchte, deren Zucker sie, wenn man die zerkleinerten bzw. gekelterten Früchte der Einwirkung dieser Hefen überläßt, d. h. der freiwilligen Gärung unterwirft, in Kohlensäure und Alkohol zerlegen nach der Formel

$$C_6H_{12}O_6 = 2 C_2H_5OH + 2 CO_2$$
(Traubenzucker) (Alkohol) (Kohlensäure)

Die Kohlensäure entweicht dabei durch das Spundloch der Gärgefäße, und der Alkohol reichert sich in dem Fruchtsaft an, während dessen Zuckergehalt mehr und mehr schwindet.

Abb. 5.

Sprossende Hefezellen

Es darf als bekannt vorausgesetzt werden, daß es, ebenso wie bei der

Trauben- und Fruchtweinbereitung,

auch bei der

Bierbrauerei

die Hefe ist, welche den Prozeß der Gärung sich vollziehen läßt. Beim

Backen

macht man sich umgekehrt die bei der Kohlehydratspaltung durch die dem Backgut zugesetzte Hefe erfolgende Kohlensäurebildung nutzbar, die dem Treiben des Gebäcks dient, während der Alkohol in der Backhitze entweicht (und natürlich auch die Kohlensäure, nachdem sie ihre Pflicht getan hat).

Die Hefen für den Gebrauch der verschiedenen Gewerbe werden heute in großem Maßstab nach dem Verfahren des Dänen H a n s e n auf besonderen Nährboden reingezüch-

tet. Die Art der Hefe spielt z. B. auch für das „Bukett" de
Weines eine hervorragende Rolle.

Auf der Fähigkeit der Hefepilze bzw. des in ihnen ent-
haltenen Wirkstoffes („Enzyms") Z y m a s e , Zucker unter
Entwicklung von Kohlensäure zu spalten, beruht auch der
Nachweis von Traubenzucker im Harn

Zuckerkranker

nach L o h n s t e in (Abb. 6).

Die unten im Apparat sichtbare Flüssigkeit ist Queck-

Abb. 6. Saccharometer

**(Apparat zur Bestimmung
des Zuckergehalts)**

silber; auf sie wird etwas von dem zu untersuchenden
Harn, mit Hefe vermischt, gegeben und dann der Kork
(rechts) aufgesetzt. Die Hefe zerlegt nun der Zucker des
Harns unter Entwicklung von Kohlensäure, die durch ihren
Druck das Quecksilber in den linken Schenkel des Appa-
rates drückt, an dessen Skala man den durch den Grad der
Kohlensäureentwicklung (also des Steigens der Queck-
silbersäule) gekennzeichneten Gehalt des Harns an Traubenzucker ablesen kann.

Da die Hefe reich an Eiweiß- und Fettstoffen ist, wurde
sie schon früher vielfach zur Viehfütterung verwendet;
heute stellt man in einem Entbitterungsverfahren solche

Nährhefe

auch für den menschlichen Bedarf als Stärkungsmittel her.

Wir sehen also hier, wie Angehörige der gefürchteten Welt der Mikroben unter Umständen dem Menschen nicht nur ungefährlich, sondern sehr nützlich sein, ja sogar seiner Ernährung dienen können.

Aber nicht nur das: die Hefe, namentlich die Bierhefe, ist auch ein

wertvolles Medikament

bei gewissen Hautkrankheiten, wie Akne, Ekzem, Furunkel, bei infektiösen Darmkatarrhen u. a. m., in welchen Fällen eine besonders reingezüchtete, medizinische Hefe Anwendung findet. Man nimmt an, daß die Wirkung der Hefe hierbei darauf beruht, daß sie die Bakterien, welche solche Erscheinungen verursachen, überwuchert und unschädlich macht.

Ihre größte Bedeutung für die menschliche Gesundheit hat jedoch die Hefe erst in der jüngsten Zeit gefunden, seitdem man sie als wichtigsten Träger des

Vitamins B 1 und des Vitaminkomplexes B 2

erkannt hat, worüber man Näheres nachlesen wolle in dem im gleichen Verlag von demselben Verfasser erschienenen Büchlein: „Die Heilmittel — woher sie kommen — was sie sind — wie sie wirken".

Hefe- und andere (Schimmel-) Pilze spielen — neben gewissen Bakterien — auch bei der Bereitung von

Käse

eine Rolle. Sie sind es namentlich, welche die Weichkäse mit jener graugrünen Schicht überziehen, die auf den Geschmack des Käses einen wesentlichen Einfluß ausübt. So züchtet man z. B. für die Bereitung des Camemberts, des Roqueforts und anderer Käse besondere, den Geschmack bedingende Mikroben dieser Art.

Demgegenüber gibt es übrigens aber auch sogenannte

„pathogene" (krankmachende) Hefepilze,

die in der Haut, in Drüsen und anderen Organen Entzündungen, Eiterungen und Gewebswucherungen hervorrufen können; eine wesentliche Bedeutung kommt ihnen aber, besonders in unseren Breiten, nicht zu.

Wie die vorbeschriebenen, so haben Kleinlebewesen, Mikroben verschiedener Art, wesentlichen Anteil an der Gewinnung weiterer menschlicher Nahrungs- und Genuß- mittel und Artikel des täglichen Bedarfs. So sind Bakterien beteiligt an der Herstellung von

Essig, Sauerkraut, Salzgurken, Kaffee, im Textilgewerbe, in der Gerberei u. a. m.

Nicht nur Nutzen stiften viele Bakterien, sondern **sie vollbringen sogar Wunder.**

Der Bacillus prodigiosus, der besonders auf stärkehal- tigen Nahrungsmitteln vorkommt, scheidet einen pracht- voll blutroten Farbstoff aus; und so konnte es geschehen, daß Kolonien dieses Prodigiosus, die sich auf den aus Stärkemehl hergestellten, als Abendmahlsbrot den Leib Christi symbolisierenden Hostien gebildet und auf dieser blutrote Flecken hervorgerufen hatten, zu dem Wunder- glauben Anlaß gaben, das Blut Christi sei in seinem Leib — der Hostie — lebendig geworden.

Schließlich lebt auch der Mensch in untrennbarer „Sym- biose" mit einer ganzen Anzahl von Bakterien, die nament- lich seinen Verdauungskanal bevölkern, besteht doch nicht weniger als

ein volles Drittel des Trockengewichts jeder Darmentleerung aus Bakterien!

Das zeigt uns Abbildung 7.

Diese Bakterien spielen für den Ablauf der Verdauung eine unentbehrliche Rolle; besonders reich an ihnen ist der Blinddarm, in welchem unter ihrer Einwirkung namentlich die Zellulose der Pflanzenkost, die unsere Ver- dauungssäfte nicht zu zerlegen vermögen, vergoren wird.

Jedoch nicht erst in den unteren Abschnitten des Ver- dauungskanals, wo dieser Vorgang sich abspielt, finden sich Bakterien als Verdauungshelfer; bereits in der Mund- höhle treten sie in riesigen Mengen auf (etwa 20 verschie- dene Arten) und wirken hier besonders beim Abbau der zwischen den Zähnen verbleibenden Speisereste mit. Die Abb. 8 zeigt uns einen Haufen solcher Mundbakterien, wie sie unter dem Mikroskop erscheinen.

Von den etwa 70 verschiedenen Arten von Darmbakterien, deren täglich mehr als 100 Billionen mit dem Kot ausgeschieden werden, sind zahlreiche nur zufällige und

Abb. 7. Mikroskopisches Bild des Kotes

vorübergehende Bewohner unseres Verdauungsschlauchs, in den sie mit den Nahrungsmitteln hinein- und auf natürlichem Wege auch wieder hinausgelangen. So

**verzehren wir mit einem Käsebrot allein
10 Milliarden Bakterien.**

Von den ständigen Bewohnern unseres Darmkanals, die ihren Aufenthalt hauptsächlich in den unteren Darmabschnitten haben, sind erwähnenswert die

Milchsäurebakterien

mit den Arten Streptococcus lacticus und Bacillus lacticus (lac heißt lateinisch Milch), welche die Zellulose der Nahrung in Stärke, Dextrin, Malzzucker, Traubenzucker, Milchsäure spalten, und die

Kolibazillen

(Bacillus coli, Bacterium coli), welche den Milchzucker noch weiter abbauen (Essigsäure) und auch Eiweiß zu spalten vermögen.

Diese Kolibazillen sind zwar im allgemeinen durchaus nützliche Mitbewohner unseres Darms; aber ebenso wie manche Bakterien der Mundhöhle unter Umständen zu

Abb. 8.
Mundbakterien

Schädlingen werden können und, wie auf Abb. 9 dargestellt, nach Zerstörung des Zahnschmelzes ($\times$) durch die feinen Zahnbeinkanäle in das Zahninnere zu dringen vermögen, Fäulnis und Wurzelhautentzündungen hervorrufen, ja so-

Mikroskop

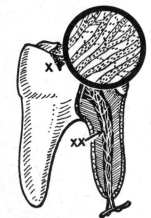

Abb. 9. Bakterien dringen in einen schadhaften Zahn. Oben rechts, vergrößert: Wanderung der Bakterien durch die Zahnbeinkanäle

gar, von da in die Blutbahn gelangend ($\times\times$), in entfernten Körperbezirken Krankheiten, wie Gelenkrheumatismus, Blinddarmentzündung, Herzschädigungen usw., verursachen können — ebenso können auch die Kolibakterien unter Umständen Schaden anrichten, so als Erreger oder Miterreger von Darmkatarrhen, von Blinddarmentzündung, von Bauchfellentzündung, von Entzündungen der Gallen- und Harnwege.

Der Kolibazillus ist ein plumpes Stäbchen.

Die Abb. 10/12 zeigen uns die wichtigsten Darmbakterien, neben denen aber, wie gesagt, noch zahlreiche andere Arten ständig vorkommen.

DARMBAKTERIEN

Abb. 10/12. Die häufigsten Darmbakterien: a) Milchsäurebazillus (Bacillus aerogenes, Bacillus lacticus) von schleimigen Kapseln umgeben; b) Milchsäurebakterien (Streptococcus lacticus); c) Kolibazillen (Bacterium coli)

Die Bakterienflora des Darms spielt nicht nur für unsere Verdauung eine unentbehrliche Rolle, sondern sie ist auch als Schutztruppe gegen die Entwicklung schädlicher, in den Magen-Darm-Kanal hineingelangender Keime von allergrößter Wichtigkeit, wie wir schon in der Einleitung an dem glücklichen Ausgang jenes heroischen Cholerabazillenexperiments M a x v o n P e t t e n k o f e r s erkannt haben.

Hätte der Gelehrte nicht über eine gesunde, abwehrkräftige Darmbakterienflora verfügt, so würde ihm das Choleravibrionen-Frühstück sicherlich sehr schlecht bekommen sein.

Dafür spricht auch folgende Tatsache:

Gibt man einem gesunden Versuchstier eine gewisse, nicht zu große Dosis Typhusbazillen ein, so werden diese von den Darmbakterien überwuchert und unschädlich gemacht: das Versuchstier bleibt gesund.

Hat man ihm aber vor dem Experiment Kalomel, ein darmdesinfizierendes Quecksilbersalz, gegeben, das auch die nützlichen Darmbakterien weitgehend vernichtet (siehe auch „Die Heilmittel — woher sie kommen — was sie sind — wie sie wirken", Alwin Fröhlich Verlag, Hamburg), so wird das Tier typhuskrank, weil die durch das Kalomel geschädigte und dezimierte Darmbakterienflora nicht mehr imstande ist, die Typhusbazillen zu vernichten.

Will man den Darmbakterien helfen, sich gegen schädliche Eindringlinge zu wehren, so verabreicht man z. B. Hefepräparate (auch die Hefe kommt als nützlicher Pilz im Darm vor) oder andere, aus nützlichen Darmbakterien (künstlich gezüchtet) bestehende Mittel.

Dadurch führt man den Darmbakterien Hilfstruppen zu und kann Darmkatarrhe und manche anderen infektiösen Erkrankungen auf natürlichem Wege bekämpfen.

Untersuchung, Färbung und Züchtung
der Kleinlebewesen

Wie kommen wir denn hinter das Geheimnis der Bakterien?

Kein menschliches Auge vermag ein Bakterium zu erblicken. Diese Welt der Kleinlebewesen, diesen an Erscheinungen und Wundern überreichen Mikrokosmos,

Abb. 13/14. Links eines der ersten Mikroskope; rechts neuzeitliches

konnte uns erst das Mikroskop erschließen, das wir in Abb. 13/14 links in seiner ersten, von dem Engländer H o o k e 1637 konstruierten Gestalt, rechts in moderner Ausführung zeigen.

Auf Bau und Handhabung des Mikroskops können wir hier nicht eingehen.

Die

Untersuchung von Bakterien im Mikroskop

erfolgt im einfachsten Verfahren dadurch, daß man auf den Objektträger einen Tropfen Wasser bringt, in den man mit einer ausgeglühten Platinöse etwas von dem bakterienhaltigen Material gibt, um alsdann das Ganze mit einem Deckgläschen zu bedecken.

Hat man es mit krankheitserregenden („pathogenen") Bakterien zu tun, so ersetzt man, um die Gefahr der Ansteckung zu vermindern, dieses einfache Verfahren durch ein etwas komplizierteres, das es aber ermöglicht, die Keime völlig abgeschlossen und in all ihren etwaigen Bewegungen zu beobachten. Das ist die Untersuchung

im hängenden Tropfen.

Hierfür stehen uns Objektträger mit einer eingeschiffenen, runden Aushöhlung in der Mitte zur Verfügung (s. Abb. 15/16).

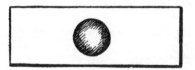

Abb. 15/16. Vorrichtung zur Untersuchung im hängenden Tropfen

Wir bringen zunächst wieder einen Wassertropfen auf das Deckgläschen, „beimpfen" ihn mit dem keimhaltigen

Pakterien   2

Material und drücken dann den Objektträger so auf das Deckgläschen, daß dieses die Höhlung des Objektträgers, die zuvor mit etwa Vaselin umstrichen wurde, bedeckt.

Jetzt haftet das Deckgläschen dem Objektträger fest an, und das keimhaltige Material im Wassertropfen ist in der Höhlung fest eingeschlossen. Nun gilt es nur noch, das Ganze mit einer geschickten Bewegung umzudrehen, so daß der Wassertropfen nicht zerfließt.

Die tanzenden Bakterien

Ja, in dem hängenden Tropfen sieht man nun oft ein reges Leben sich entwickeln. Da ist erstens die B r o w n s c h e Molekularbewegung der Keime, ein Hin-undherzittern dieser auf der Stelle, das desto stärker ist, je dünner die Flüssigkeitsschicht und je höher die Temperatur.

Dann sind da wahrzunehmen Strömungsbewegungen, denen die Mikroben unterliegen, von der Flüssigkeit verursacht, und gegenüber diesen passiven Bewegungen zeigt sich bei vielen Bakterien auch eine mehr oder weniger lebhafte Eigenbewegung. Sie erfolgt auf eine dieser Arten:

1. durch lange Geißeln (Flagellaten nennt man solche Keime), s. Abb. 17);

2. durch kurze Wimpern (Ziliaten), s. Abb.. 18;

3. durch Verschiebung des Zellinhaltes, Plasmas (Amöben), s. Abb. 19;

4. durch muskelartige Zusammenziehungen, Spirillen, s. Abb. 20;

5. durch Zellausscheidungen.

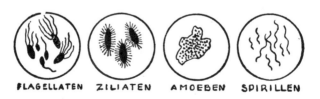

FLAGELLATEN　ZILIATEN　AMOEBEN　SPIRILLEN

Abb. 17/20.

Bakterien in Bunt

Mittels der vorgenannten Untersuchungsmethoden allein wäre jedoch die Bakteriologie niemals zu den Ergebnissen gelangt, wie wir sie heute bewundern und wie sie besonders der Medizin und Hygiene so ungemein wertvolle Dienste geleistet haben und leisten.

Dieser Aufschwung von Bakteriologie, Hygiene, Krankheitserforschung und -heilung wurde erst möglich durch die Erfindung der Anilinfarben und durch die Entdeckung, daß manche dieser von den Bakterien an- und aufgenommen werden, in ihren Leibern fixiert werden, so daß sich nun die Keime vom farblosen Untergrund scharf abheben.

So nur ist es möglich, die Bakterien in Auswurf, Eiter, in Gewebsschnitten usw. aufzufinden, auch wenn sie nur in verhältnismäßig geringer Zahl vorhanden sind.

Die meist verwendeten Farbstoffe zur Bakterienfärbung sind Methylenblau, Fuchsin und Gentianaviolett, die man in alkoholischer Lösung vorrätig hält und mit Wasser stark verdünnt zur Färbung anwendet.

Das Färbeverfahren spielt sich folgendermaßen ab:

Man bringt das keimhaltige Material, z. B. Eiter, Auswurf, in ganz dünner Schicht mit der Platinöse auf einen Objektträger (gegebenenfalls drückt man auf diesen, um eine recht dünne Schicht zu erhalten, einen zweiten Objektträger oder ein Deckgläschen auf, das man dann wieder abzieht), läßt an der Luft trocknen und „fixiert" dann das bakterienhaltige Untersuchungsgut, indem man es dreimal schnell durch die Flamme des Bunsenbrenners zieht, damit das Material bei dem später erfolgenden Abspülen der Farbe nicht mit weggeschwemmt wird.

Auf das geflammte Untersuchungsmaterial gibt man nun mittels einer Pipette etwas von der verdünnten Farbstofflösung, läßt diese etwa eine halbe Minute einwirken, spült dann mit Wasser ab und trocknet das Ganze durch vorsichtiges Bewegen über oder in der Nähe der kleinen Sparflamme des Bunsenbrenners.

Darauf kommt auf das Untersuchungsgut ein Tropfen Zedernöl, oder bei Präparaten, die aufbewahrt werden sollen, Kanadabalsam (weil dieser später erstarrt) und ein

Deckgläschen, und die Untersuchung unter dem Mikroskop kann beginnen.

Ein besonderes Färbeverfahren ist das nach G r a m , aus dàs wir hier aber nicht weiter eingehen wollen; es ist vor allem zur Unterscheidung und Trennung von verschiedenen Bakterien wichtig, indem manche die Gramsche Färbung annehmen und behalten, andere sie aber bei Behandlung wieder abgeben. Man unterscheidet danach

grampositive und gramnegative Keime,

oder gramfeste und gramfreie Keime. Bei der äußeren Ähnlichkeit vieler Keime untereinander ist eine solche Unterscheidungsmöglichkeit natürlich oft von größter Bedeutung, namentlich für die Krankheitserkennung. Wir würden aber in der Beziehung auch auf diesem Wege nicht immer ein sicheres Ziel erreichen, wenn uns hierfür nicht noch ein zweites Verfahren zur Verfügung stände:

die Reinzüchtung der Bakterien

die besonders mit den Forschernamen R o b e r t K o c h , P a s t e u r , L i s t e r , H a n s e n verknüpft ist.

Man setzt zu diesem Zweck sogenannte Nährböden, teils flüssiger, meist aber fester Art, zusammen, z. B. aus Bouillon, Blut, Gelatine, Agar-Agar usw., die man mit dem Untersuchungsmaterial „beimpft".

Die einzelnen Bakterienarten bilden dann auf den Nährböden verschieden gestaltete „Kolonien", von denen man immer wieder etwas auf einen neuen Nährboden überimpft. Durch mehrere solcher „Abstiche" erhält man schließlich die betreffende Bakterienart völlig rein und unvermischt.

In Abb. 21/22 sehen wir links auf einem Agar-Nährboden in einer sogenannten Petrischale eine Anzahl von Bakterienkolonien (die rundlichen Gebilde, deren jedes aus Millionen Bakterien besteht), rechts im Reagensglas — gleichfalls mit

Agar-Nährböden — sieht man, wie die dorthin überimpften Keime in die Tiefe wachsen.

Die Gestalt der Kolonien und der Abstichkulturen läßt meist schon ziemlich genau auf die Natur der Bakterien schließen, mit denen man es zu tun hat.

Weitere Unterscheidungsmerkmale stehen uns nun noch

in gewissen Eigenschaften und Lebensäußerungen zur Verfügung, die bei den einzelnen Bakterien ganz verschiedenartige sein können.

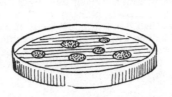
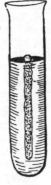

Abb. 21/zz.

Oben: **Kolonien von Friedländerbazillen auf einer Agar-Agar-Platte; rechts: Agar-Agar-Stichkultur der gleichen Bakterien**

So zeigen manche Bakterien z. B. durch das vorzugsweise in die Tiefe gerichtete Wachstum ihrer Kolonien an, daß sie zur Klasse der sogenannten

Anaërobier

gehören, das sind solche Bakterien, die am besten ohne Luft (Aër) bzw. ohne Sauerstoff gedeihen. Daneben gibt es noch sogenannte fakultative (gelegentliche) Anaërobier, die auch des Sauerstoffes entraten können, und die

Aërobier,

die zum Leben stets des Sauerstoffes bedürfen.

Weitere Unterscheidungsmerkmale sind noch dadurch gegeben, daß manche Bakterien gewisse biochemische Funktionen ausüben, indem sie z. B. Zusätze von Milch, Zucker usw. zu den Nährböden zur Gärung, Gerinnung, Säuerung usw. bringen.

Eine sehr wichtige Eigenschaft mancher Bakterien ist hier noch zu besprechen, nämlich deren Fähigkeit, besonders widerstandsfähige

Dauerformen oder Sporen

zu bilden, die allen möglichen Einflüssen oft jahrelang standhalten und stundenlanges Erhitzen bis zu 100 Grad sowie die Einwirkung stärkster Desinfektionsmittel ohne Schaden ertragen.

Darin liegt die große Gefahr sporenbildender Bakterien, wie wir später noch erfahren werden.

Die Sporen erscheinen zunächst innerhalb des Bakterienleibs in Form rundlicher, glänzender Gebilde, die beim Färben der Bakterien den Farbstoff nicht aufnehmen, sondern als helle Flecken im Bakterienleib verbleiben (s. Abbildung 23a). Frei geworden (wobei die Bakterienhülle zugrunde geht), nehmen die Sporen verschiedenerlei Gestalt an (Abb. 23b).

Abb. 23a und b.
Sporenbildende Bakterien

Unter geeigneten Bedingungen verwandelt sich dann die Spore wieder in ein aktives, vermehrungsfähiges Bakterium.

Unsichtbare Keime (Aphanozoen)

So gelingt es also, wie wir gesehen haben, alle Keime sichtbar zu machen, ihr Wachstum, ihre Lebensäußerungen ihr Eigenart, zu studieren.

Alle? Wirklich alle? —

Hier müssen wir noch auf

ein dunkles Kapitel

zu sprechen kommen.

Da gibt es eine Krankheit, die uns allen nicht nur dem Namen nach, sondern aus höchstpersönlicher Erfahrung wohlbekannt ist: den Schnupfen.

Es ist klar, daß der Schnupfen eine Infektions-, eine ansteckende und eine von Mensch auf Mensch übertragbare Krankheit ist; jeder hat das selbst erlebt; jeder weiß auch, daß man seinen Schnupfen nicht los wird, wenn man ein paarmal das gleiche Taschentuch benutzt, in das man sich schon hineingeschneuzt hat, weil man sich so nämlich immer wieder selbst von neuem infiziert. Der Erreger des Schnupfen muß also ein besonders lebhafter und angriffslustiger Bursche sein, wenn er auch nicht gerade sehr gefährlich ist.

Aber wo steckt er? Wo?

Man hat das Nasensekret Tausender von Schnupfenkranken nach allen Richtungen hin und mittels aller Methoden erforscht und allerdings allerhand Keime darin gefunden, Keime jedoch, wie sie sich überall finden, wenn eine Entzündung, namentlich der Atmungsschleimhaut, vorliegt, Streptokokken, Staphylokokken, Pneumokokken, Influenzabazillen usw. — wir werden sie ja alle später noch kennenlernen.

Aber keines dieser Bakterien erwies sich als „spezifischer" Schnupfenerreger: wenn man sie reinzüchtete, gelang es nicht, mit ihnen beim gesunden Menschen Schnupfen zu erzeugen. Fast stets dagegen konnte man mit dem Nasensekret Schnupfenkranker als solchem den Schnupfen auf andere übertragen. Also mußte da noch ein anderes Ansteckungsgift drinstecken.

Aber welches?

Bereits im Jahre 1892 konnten die Forscher I w a n - o w s k y und B e i j e r i n c k zeigen, daß die Mosaikkrankheit der Tabakpflanzen, deren infektiöse Natur unzweifelhaft war, sogar von einer Pflanze auf die andere übertragen werden konnte, wenn man den Saft kranker Tabakblätter durch einen Filtrierkörper preßte, der alle etwaigen Bakterien zurückhalten mußte, und darauf mit diesem vermeintlich sterilen Tabaksaft die gesunden Pflanzen impfte.

Dieser bakterienfreie Tabaksaft war also gar nicht steril (keimfrei!).

1897 konnten die Bakteriologen L ö f f l e r und F r o s c h dasselbe Experiment in bezug auf die M a u l - und K l a u e n s e u c h e durchführen.

Bei den S c h w a r z e n P o c k e n , der T o l l w u t , den M a s e r n , den W i n d p o c k e n , der s p i n a l e n K i n d e r l ä h m u n g , dem M u m p s (Ziegenpeter), der G ü r t e l r o s e — alles zweifelsfrei ansteckende Krankheiten — und anderen mehr wurden gleiche Beobachtungen gemacht.

Was ging hier vor sich?

Es blieb nur eine Erklärung übrig: die Erreger dieser Krankheiten mußten so winzig kleine Keime sein, daß sie die dichtesten Filter aus Kieselgur, Ton, Kollodium usw. zu durchdringen vermochten, daß sie unserem Auge selbst bei den stärksten mikroskopischen Vergrößerungen unsichtbar blieben.

Ja — mehr noch: es ließen sich aus dem ansteckenden Material auch nicht, wie bei den Bakterien, auf künstlichen Nährböden irgendwelche Kulturen anlegen. Nichts — nichts!

Also schritt man zunächst dazu, diesen unbekannten, unsichtbaren Wesen wenigstens einen Namen zu geben, sie wissenschaftlich zu charakterisieren und zu klassifizieren, wie es ihren Eigenschaften entsprach.

Man nannte die kleinen großen Unbekannten **Aphanozoen** oder auch **Viren** (Mehrzahl von Virus, lat.: Giftstoff, Ansteckungsstoff).

Heute, nach Erfindung des Elektronen- oder Übermikroskopes durch den deutschen Forscher B u s c h , können auch diese, bisher unsichtbaren Viren, sichtbar gemacht werden. Jüngste Forschung stellte u. a. fest, daß Scharlacherkrankungen durch Streptokokken hervorgerufen werden, auf denen Viren leben. Der Virus selbst greift aber nicht etwa die menschlichen Zellen selbst an, sondern veranlaßt die Streptokokken, das sogenannte Scharlachgift zu erzeugen.

Es ist inzwischen auch gelungen, einige dieser Viren künstlich zu züchten, sowie die Feststellung zu machen, daß diese Vira ausgesprochene Zellschmarotzer sind, die sich nur in der lebenden Zelle zu entwickeln und zu erhalten vermögen, weshalb auch ihre Züchtung nur in lebendem Zellgewebe, z. B. in Eiern, möglich ist.

Sie werden aber den Zellen, in denen sie leben, zum Verderben, indem sie sich ungeheuer vermehren, das Zellplasma (den Zellinhalt) mehr und mehr durchsetzen und schließlich aus der zerstörten Zelle ausbrechen (Abb. 25/27a, b, c).

Aber nicht nur die Zellen zu zerstören vermögen solche Vira (man nennt sie jetzt auch wohl „Elementarkörper-

chen"), sondern sie rufen auch Zell- und Gewebswucherungen hervor. Leider haben sich die an diese Entdeckung
geknüpften Hoffnungen — Bakterienbekämpfung durch
Bakteriophagen — bisher noch nicht erfüllt. Vielleicht gelingt es aber damit sogenannten Antiviren (ähnlich dem
Penicillin und Streptomycin bei Bakterienbekämpfung) zu
finden, die neuerdings zur Bekämpfung von Virusinfek-
tionen erfolgreich dienen. Vielleicht sind derartige Keime
auch an jener furchtbaren Krankheit schuld oder beteiligt,
deren Wesen ja in solchen Gewebswucherungen besteht, am

Krebs,

der sich bekanntlich auch durch den Saft krebskranker
Gewebe weiterverpflanzen läßt.

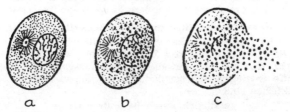

Abb. 25/27. „Elementarkörperchen" zerstören eine Zelle

Zum Schluß dieses „dunklen Kapitels" noch eine inter-
essante Feststellung: unter den Vira gibt es auch solche,
die es auf manche Bakterien abgesehen haben, sie, wo sie
ihrer habhaft werden können, angreifen und auffressen.
Man hat sie deshalb nach dem Vorschlag des französischen
Forschers d'H e r s e l l e „Bakteriophagen" (phagein heißt
griechisch essen, fressen) genannt.

Krieg in der Unterwelt!

Auch der Erreger der Grippe ist wahrscheinlich nicht der
Pfeiffer-Bacillus, sondern ein Virus.

Ansteckungskraft und Giftigkeit
der Kleinlebewesen

Wir könnten nun noch mit Rücksicht auf die eingangs gegebene Einteilung der Mikroben in einem besonderen Abschnitt auf die Protozoen, die „Urtierchen", zu sprechen kommen, soweit sie für die Abhandlung von Interesse sind. Aber da die Protozoen sich im allgemeinen in ihrem Wesen und in ihren Eigenschaften so wenig von den Bakterien unterscheiden, die wir ja als pflanzliche Organismen ansehen (obwohl auch bei manchen von ihnen sich das Charakteristikum der Protozoen, die Eigenbewegung findet), beschränken wir uns darauf, späterhin bei Betrachtung die verschiedenen, durch Kleinlebewesen verursachten Erkrankungen jeweils besonders zur Sprache zu bringen, wenn es sich um sogenannte Protozoen handelt.

Zunächst muß uns eine andere Frage mehr interessieren:

Worin besteht eigentlich die Gefährlichkeit der Bakterien und der anderen hierher gehörigen Mikroben?

Nicht lediglich in ihrem Vorhandensein, auch nicht etwa darin, daß sie den Geweben unseres Organismus Nährstoffe entziehen und sie dadurch schädigen, sondern: die Bakterien sind

gefährlich durch besondere Gifte,

die sie bilden.

Jedoch gibt es hier große Unterschiede: Manche Bakterien müssen erst in gewaltigen Mengen auftreten, um soviel Giftstoffe zu produzieren, daß sie uns gefährlich werden; oder es müssen andere Umstände dazu beitragen, ihre

Virulenz

(von virus = Giftstoff), also ihre Giftigkeit, ihre krankheitserregende Wirkung, zu steigern.

Erinnern wir uns an die Kolibazillen im Darm, die harmlose, ja nützliche Bewohner desselben sind, Symbionten (von Symbiose), wie man sagt, und die dennoch nicht selten zu Krankheitserregern werden können, nämlich entweder dann, wenn ihre Anzahl eine außergewöhnlich große wird (wie es z. B. bei chronischer Darmträgheit geschehen kann), oder aber dann, wenn die Körpergewebe, mit denen sie in Berührung kommen, plötzlich eine erhöhte Empfindlichkeit für die Leibesgifte der Bakterien annehmen, wie es z. B. geschieht, wenn die Darmschleimhaut durch scharfe Speisen, Alkohol, rohes, unreifes Obst u. a. gereizt wird. Auf solcher Basis entstehen ja denn auch die Darmkatarrhe, an denen die Kolibazillen meist mitbeteiligt sind.

Auf den Schleimhäuten der Atmungsorgane finden sich auch unter normalen Umständen stets krankmachende Bakterien vor, z. B. die entzündungserregenden Streptokokken; ihre Leibesgifte werden dem Schleimhautgewebe aber erst dann gefährlich, wenn es z. B. durch eine Erkältung gereizt, aufgelockert, in seiner Widerstandsfähigkeit geschwächt ist. Auch Keime, die normalerweise als unbedingt harmlos anzusehen sind insofern, als sie gar nicht in Geweben des menschlichen Körpers zu gedeihen, sich zu vermehren vermögen, sogenannte

Saprophyten

(sapros = faul, phyton = Pflanze, Gewächs), die im Gegensatz zu den Parasiten (parasitos = bei einem anderen essend) nur auf der unbelebten Materie (Nahrungsmittel) vorkommen und dort vorwiegend Zersetzungs- und Fäulnisvorgänge verursachen, können dem Menschen gefährlich werden, wenn sie in sehr großen Mengen mitsamt ihren Giftstoffen in den menschlichen Organismus hineingelangen. Hier sei besonders auf die Erreger der Fisch-, Fleisch-, Wurstvergiftung verwiesen und als gefährlichster Vertreter solcher Saprophyten der

Bacillus botulinus

genannt, ein ungemein giftiger Keim, der um so gefährlicher ist, als er die Eßwaren, auf denen er schmarotzt (Fleisch, Wurst, Schinken, Fische, Gemüsekonserven) kaum verändert, also keine ausgesprochene Fäulniserscheinungen (übler Geruch) hervorruft, und dessen Anwesenheit daher leicht übersehen wird.

Durch gründliches Kochen der Speisen wird der Botulinus vernichtet; gelangt er mit ungekochten oder nicht genügend erhitzten Gerichten obiger Art in größeren Mengen in den Magen-Darm-Kanal, so bewirkt sein Gift Schwindel, Sprech-, Schluckstörungen, hochgradige Verstopfung, Darmlähmung, Zwerchfellähmung, Pupillenstarre, Augenmuskellähmung, Lähmung der Gesichtsnerven u. a., und führt leicht den Tod durch Atmungsstillstand herbei.

Gegenmittel sind Tierkohle, Magen-Darm-Entleerung, Einspritzung von antitoxischem Botulismusserum.

Wir sind auf dieses klassische Beispiel einer schweren Gesundheitsschädigung durch Saprophyten (Nichtparasiten) erstens deshalb näher eingegangen, weil sich solche Fälle von „Botulismus" immer und immer wieder, besonders während der wärmeren Jahreszeit, wiederholen, und zweitens deshalb, um dies zu zeigen:

Ansteckungskraft und Giftigkeit der Keime haben nichts miteinander zu tun.

Denn der vorbesprochene Erreger des Botulismus oder der Allantiasis (Wurstvergiftung) ist zwar sehr giftig, aber nicht ansteckend, weil er nicht im Gewebe des menschlichen Organismus zu gedeihen, sich zu vermehren vermag.

Als ansteckend sind nur solche Keime zu bezeichnen, die im menschlichen Organismus ihre Lebensbedingungen finden, sich dort weiterentwickeln und vermehren.

Dabei kann der Grad der Giftigkeit sehr verschieden sein,

Hierfür kurz noch zwei klassische Beispiele:

Der Erreger von

Starrkrampf,

der Tetanusbazillus, den wir später noch näher kennenlernen werden, zeigt nur eine geringe Ansteckungskraft insofern, als er sich im menschlichen Körper nur schwach entwickelt und vermehrt; demgegenüber ist er aber ungemein giftig.

Sehr hohe Ansteckungskraft ist dagegen dem Leprabazillus, dem Erreger von

Aussatz

eigen, der fast alle Gewebe des Körpers in unheimlicher Menge ergreift, durchwuchert und mehr oder weniger zerstört und doch erst oft nach Jahrzehnten den Tod herbeiführt, häufig sogar nicht einmal unmittelbar, sondern infolge Hinzutretens anderer Ansteckungen.

Haben wir oben den Begriff der Ansteckung bereits erläutert, so muß in diesem Zusammenhang doch noch auf

ein Mißverständnis

hingewiesen werden, dem man häufig begegnet: So wenig wie Ansteckungskraft und Giftigkeit von Keimen gleichwertige Begriffe sind,

ebensowenig ist Ansteckungskraft und Übertragbarkeit dasselbe.

Der Begriff der Ansteckung ist oben definiert; die Ü b e r - t r a g u n g einer Ansteckungskrankheit von Mensch zu Mensch ist wieder ein anderes Kapitel.

Bleiben wir bei dem Beispiel des Leprabazillus, so ist uns zwar schon aus der Bibel geläufig, daß man die „Aussätzigen" völlig aus der menschlichen Gesellschaft ausschloß, daß man ihnen Speise, Trank, Almosen nur aus einer gewissen Entfernung zureichte, um nicht von ihnen „angesteckt" zu werden.

In Wirklichkeit aber erfolgt eine Übertragung der Leprabazillen von Mensch zu Mensch trotz der enormen Ansteckungskraft (d. h. also Entwicklungs- und Vermehrungsfähigkeit im menschlichen Organismus) durchaus nicht so leicht wie etwa die der Grippekeime, sondern meist erst bei langem Zusammenleben mit Aussätzigen und auch dann keineswegs immer.

Es gibt auch genug Ansteckungskrankheiten, die sich nicht von einem Menschen auf den anderen übertragen, wie z. B. der erwähnte Starrkrampf.

Zusammenfassend muß man also

streng auseinanderhalten: Giftigkeit, Ansteckungskraft, Übertragbarkeit der Keime.

Welcher Art sind denn nun die Gifte, durch welche die ansteckenden Bakterien, die Parasiten, dem Menschen gefährlich werden?

Es gibt da eine Einteilung in zweierlei Arten von Giften. nämlich in

1. Stoffwechselgifte oder Absonderungsgifte der Bakterien, sogenannte E k t o t o x i n e, welche die Keime zu Lebzeiten als Produkte ihres Leibesstoffwechsels nach außen absondern, und in

2. Leibesgifte der Bakterien, E n d o t o x i n e, die — vermutlich wenigstens in größerer Menge — erst beim

Zerfall der Keime entstehen und alle gleichartige Erscheinungen, wie Entzündungen, Fieber, Schwäche, krankhafte Blutveränderungen, Abmagerung, Entkräftung, herbeiführen sollen.

Dieses Kapitel ist aber noch nicht ganz geklärt, und wir können es auch auf sich beruhen lassen, indem wir lediglich an der Tatsache festhalten, daß uns die Bakterien durch Giftstoffe, die sie bilden, gefährlich werden.

Und zwar scheint es, daß die Bakterien, um diese Giftstoffe zu produzieren, erst richtig heimisch werden müssen bei uns; denn zwischen dem Eindringen der Bakterien in den Körper und dem Auftreten der für die betreffenden Keime charakteristischen Krankheitserscheinungen pflegt eine längere oder kürzere Frist zu verstreichen, die sogenannte

Inkubationszeit
(Latenzstadium),

die in der Regel 3 bis 9 Tage, manchmal 1 bis 1½ Monate dauert.

Man kann natürlich auch der Auffassung sein, daß es erst der Ansammlung einer größeren Menge von Bakteriengiften im Körper bedarf, um die jeweils typischen Krankheitserscheinungen entstehen zu lassen.

Mit den eigentlichen Giftstoffen vielleicht zum Teil identisch oder von ihnen kaum zu trennen, in anderen Fällen aber unabhängig von ihnen, dürfen und müssen wir bei den Bakterien noch sogenannte

Angriffsstoffe, Aggressine

(aggredior, lat.: ich greife an) annehmen, welche im Organismus vermutlich erst die Bedingungen für die Auswirkung der Bakteriengifte — Bakteriotoxine — schaffen.

Verlauf und Folgen der Infektion

Welchen Schaden richten die Bakteriengifte an?

Wir sprachen schon oben von den Wirkungen, die wir vornehmlich den Leibesgiften der Bakterien, den Endotoxinen, zuschreiben. Hierbei ist es aber noch fraglich, ob z. B. Erscheinungen wie

Fieber, Entzündungen

tatsächlich als unmittelbare Giftwirkungen der Bakterien zu betrachten sind, oder ob sie nicht vielmehr Reaktions-, Abwehrerscheinungen von seiten des Organismus darstellen.

Man hat z. B. angenommen, das Fieber entstehe durch Reizung des an der Hirnbasis gelegenen Wärmezentrums durch die Bakteriengifte bzw. durch den erhöhten Eiweißzerfall, der mit dem Zugrundegehen der Bakterien und der durch ihre Gifte zerstörten Körpergewebe verbunden ist.

So bekämpfen wir auf der einen Seite das Fieber durch Anwendung sogenannter Antipyretika, wie Chinin, Antipyrin, Pyramidon usw., in Verbindung mit keimtilgenden Mitteln (siehe auch: „Die Heilmittel — was sie sind, — woher sie kommen — wie sie wirken", Alwin Fröhlich Verlag, Hamburg); auf der anderen Seite dagegen sucht man durch hohe Fiebertemperaturen, die man z. B. durch Impfung mit Malariaplasmodien erzeugt, die Erreger der Syphilis, die Spirochäten, zu vernichten.

Und was die Entzündungen betrifft, welche unter dem Einfluß von Bakterien und deren Giften entstehen, und von denen wir noch zu sprechen haben werden, so ist es doch merkwürdig, daß wir eine natürliche Abwehraktion des Körpers auf diese Bakterienwirkung, nämlich die Konzentration großer Truppenmassen von Leukozyten und Lymphozyten (Freßzellen des Körpers) in dem Entzündungsherd, die eine charakteristische Erscheinung der Entzündung bildet, oft durch „entzündungshemmende" Mittel, wie Chinin und auch Antipyrin- und Salizylsäureverbindungen, welche die Freßzellen lähmen, zum Rückgang zu bringen suchen.

Man sieht, hier herrscht noch keine völlige Klarheit hinsichtlich des Gut und Böse.

Daß die Bakteriotoxine als zweifellos ausgesprochen schädliche Wirkungen krankhafte Blutveränderungen, Abmagerung, Schwäche, Entkräftung hervorzurufen vermögen, wurde in bezug auf die sogenannten „Endotoxine" schon erwähnt und ist ja auch allgemein bekannt.

Bezüglich dieser und anderer Erscheinungen bakterieller Giftwirkungen gibt es jedoch Parallelen unter den Vergiftungen durch Chemikalien und Pflanzengifte; sie sind also nicht als „spezifisch" für Bakterien anzusprechen.

Die „spezifischen" Giftwirkungen der Bakterien können
sehr verschiedener Art sein, und sie sind es ja auch,
welche die einzelnen Krankheitsbilder einer bakteriellen
Infektion weitestgehend bestimmen und voneinander ab-
weichen lassen.

Auch hier gibt es jedoch vielfach durchaus wieder
Parallelen zu anderen Vergiftungen; so zeigt z. B. die
Vergiftung mit dem Pfeilgift der Indianer, Curare, große
Ähnlichkeit mit der Giftwirkung des Tetanus- (Starr-
krampf-) Bazillus: beide wirken auf die motorischen (Be-
wegungs-) Nerven lähmend ein, ersteres allerdings, indem
es die Nervenendapparate in den Muskeln, letzteres, indem
es die motorischen Ganglienzellen im Gehirn lahmlegt.

Andere Bakteriengifte wieder richten ihre vernichten-
den Wirkungen auf andere Körpergewebe. Dies im einzelnen zu besprechen, muß jedoch dem Abschnitt „Die
wichtigsten Infektionskrankheiten und ihre Erreger" vor-
behalten bleiben.

Dagegen müssen wir hier in diesem Zusammenhang
noch verschiedene Stadien der bakteriellen Verseuchung
erwähnen und kennenlernen, nämlich die

Bakteriämie, Pyämie, Septikämie

Bakteriämie ist das Erscheinen von Bakterien, die sich
in irgendeinem Körpergewebe angesiedelt haben, im Blut
(haima, griech.: Blut).

Man kann sich denken, daß ein solches Auftreten von
Bakterien in der Blutbahn unter Umständen zu Besorg-
nissen Anlaß geben wird; werden die Keime doch auf
diesem Wege durch den ganzen Körper verschleppt.

Aber während wir mit „Bakteriämie" nur ein gelegent-
liches Auftreten von Krankheitskeimen im Blut bezeichnen, stellt die Erscheinung der „Pyämie" schon einen
etwas ernsteren Vorgang dar: in diesem Falle benutzen
die Bakterien eben den Blutweg, um in andere, ent-
ferntere Körperbezirke zu gelangen und dort „Siedelun-
gen", „Tochterherde", „Filialen", oder, wie der wissen-
schaftliche Ausdruck heißt, „Metastasen" zu bilden: wir
nennen als bekanntestes Beispiel hierfür die F u r u n -
k u l o s e.

Die „Septikämie" hingegen, der schwerste Zustand bakterieller Verseuchung, besteht in einer Anreicherung gro-

ßer Mengen von Krankheitskeimen im Blut und ist identisch mit dem, was man auch als

Sepsis, Blutvergiftung

bezeichnet, und was bekanntlich zu den schwersten, unter Umständen lebensgefährlichen Folgen führen kann.

Abwehrmaßnahmen des Körpers

Wie erwehrt sich der Körper der Bakterien und ihrer Gifte?

Hiermit kommen wir zu dem wichtigsten, umfangreichsten und interessantesten Kapitel dieser ganzen Ausführungen; und es ist unbedingt nötig, daß jeder, der wirklich einen Nutzen von der Lektüre des vorliegenden Büchleins haben will, sich gerade mit diesem Abschnitt gründlich beschäftigt und gedanklich auseinandersetzt.

Wir haben wiederholt gehört, daß der menschliche Körper ständig eine ganze Anzahl von Bakterien, und zwar auch „pathogene", also krankheitserregende, Bakterien beherbergt. Sie finden sich sowohl auf der äußeren Haut als auch auf den Schleimhäuten der verschiedenen Organe bzw. Hohlräume des Körpers, die in Verbindung mit der Außenwelt stehen: Mund-, Nasen-, Rachenhöhle, Luftröhre, Verdauungskanal, Harnwege.

Es wurde auch schon gesagt, daß diese dauernd auf und im menschlichen Körper schmarotzenden Krankheitskeime nur unter bestimmten Bedingungen gefährlich werden, z. B. wenn ein Schleimhautgewebe durch Erkältungsreize geschädigt wird.

Wir dürfen darum an die Spitze der Betrachtungen dieses Kapitels den Satz stellen, daß unter normalen Umständen schon die Natur derjenigen Gewebe des menschlichen Körpers, mit denen krankmachende Keime in Berührung kommen bzw. ständig sind, einen natürlichen Schutz gegen deren Eindringen in die Gewebe und die Verbreitung ihrer Giftstoffe innerhalb derselben gewähren.

Es handelt sich bei diesen Geweben ja um sogenannte Deck- und Epithelgewebe, wie die oberste Schicht der Haut, welche die Oberfläche des menschlichen Körpers bildet, oder der Schleimhäute, welche die verschiedenen, hier hauptsächlich in Betracht kommenden Hohlorgane des Körpers auskleiden.

Sieht man sich ein solches Epithelgewebe **an**, wie **es** z. B. in Abb. 28 in mikroskopischer Vergrößerung **dar**gestellt ist, dann kann man sich wohl vorstellen, daß eine solche Mauer, ein solcher Wall von eng aneinander liegenden Zellen (wie sie ja auf der Abbildung deutlich zu erkennen sind), die vielfach auch noch durch eine Kittsubstanz miteinander fest verbunden sind, dem Eindringen von Krankheitskeimen, auch wenn sie, wie in Abb. 28 gleichfalls gezeigt, in Mengen auf seiner Oberfläche hausen,

ein unüberwindliches Hindernis

entgegensetzt.

So liegen z. B. die Verhältnisse in der Haut, die ein **sehr** starkes Epithelgewebe hat und deshalb von Bakterien **nur**

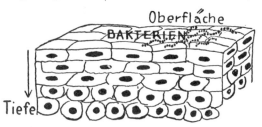

Abb. 28. Die unverletzte Haut vermögen die auf ihr schmarotzenden Bakterien nicht zu durchdringen

dann ernstlich angegriffen und geschädigt werden kann, wenn dieses Deckzellengewebe irgendeine Lücke aufweist, wie es bei

Verletzungen der Haut

der Fall ist. Tritt ein solches Ereignis ein (wobei es sich unter Umständen um einen winzigen, gar nicht sichtbaren Hautriß handeln kann), dann suchen sich die auf der Epidermis lebenden Keime sofort die Gelegenheit zunutze zu machen, in die Tiefe des Hautgewebes einzudringen, und so kommen wir zu

Furunkulose, Bartflechte, Rotlauf

usw. Aber noch lange nicht immer — wenn auch die angegebenen Voraussetzungen erfüllt sind. Doch das ist schon wieder ein anderes Kapitel, das später mit abzuhandeln ist.

Die Deckzellengewebe der Schleimhäute pflegen nicht mehr die Stärke des Epithels der Haut zu haben, und zwar um so weniger, je mehr in der Tiefe des Körpers die Organe liegen, die sie auskleiden, je weniger sie also äußeren Einflüssen ausgesetzt sind.

So ist z. B. das Epithel der Schleimhaut der Lippen, der Mund- und Rachenhöhle, die ja ganz unmittelbar mit der Außenwelt in Verbindung stehen, noch so vielschichtig gebaut, wie es die Abb. 28 zeigt.

In den tieferen Bezirken der Atmungsschleimhaut dagegen, die ja schon nicht mehr so unmittelbar den Schädigungen von der Außenwelt her ausgesetzt ist, finden wir nur noch ein aus wenigen Zellschichten aufgebauten Epithel, dessen Zellen allerdings hochgestellt sind und

BAKTERIEN

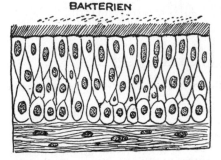

Abb. 29. Schnitt durch die Atmungsschleimhaut

deren obere Reihe mit besonderen Flimmerhärchen bewehrt ist, welche dazu dienen, Fremdkörper „abzuwimmeln" und „hinauszuwedeln" (s. Abb. 29).

Noch tiefer im Körper, im Darm zum Beispiel, tritt uns nur noch ein einschichtiges Epithel zylindrisch geformter Zellen entgegen (s. Abb. 30), und wir können uns leicht vorstellen, daß hier die Bedingungen für ein Eindringen von Krankheitserregern wesentlich erleichtert sind.

Allerdings darf man nicht vergessen, daß im Darm, ebenso wie z. B. in der Scheide, wo die Struktur des Deckgewebes eine ganz ähnliche ist, eine

symbiontische Bakterienflora

haust und den Krankheitserregern die Entfaltung ihrer ge-

fährlichen Eigenschaften unter normalen Umständen recht
schwer macht.

Ist der Bau der Deckzellengewebe, wie vorbesprochen,

der erste Schutz

des Körpers gegen das Eindringen von Krankheitskeimen
in die Tiefe seiner Gewebe, so ist das Vorhandensein von
nützlichen Bakterien im Körper, wie sie z. B. in den Ver-
dauungs- und Harnwegen vorkommen,

der zweite Schutz.

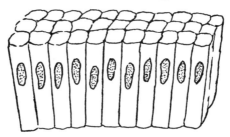

Abb. 30. Das einschichtige Deckzellengewebe der Darmschleimhaut

Aber mit diesen Abwehrmöglichkeiten wäre nicht so
sehr viel gewonnen; denn es wurde ja schon wiederholt
zum Ausdruck gebracht, daß beide nur unter normalen
Umständen als vollwirksam gelten können.

Wird ein Epithelgewebe geschädigt, wie z. B. das der
Haut infolge einer wenn auch noch so geringfügigen Verletzung, oder das der einen oder anderen Schleimhaut
durch irgendwelche Reizeinflüsse (z. B. Erkältungen), dann
nehmen die Dinge gleich ein ganz anderes Aussehen an,
dann lockert sich z. B. ein Schleimhautgewebe so auf, daß
die auf seiner Oberfläche hausenden Keime im Nu in die
Tiefe dringen können, und

die I n f e k t i o n ist da.

Bei dem einen — ja, bei dem anderen — nein, wie wir
schon bei Infektionen von der Hautoberfläche aus bemerkt
haben.

Wie kommt das?

Hier beginnt eine Art Mysterium, in das der Mensch zwar

wohl bereits ein gutes Stück weit eingedrungen ist, das
aber doch noch manche dunklen Tiefen für uns hat.

Und da diese besonders reizvoll und interessant erscheinen, wollen wir versuchen, wenigstens eine kleine
Wegstrecke weit in eine derselben einzudringen.

Es ist eine altbekannte und immer wieder aufs neue
sich offenbarende Tatsache, daß zu Zeiten grassierender
Seuchen diejenigen Menschen am ehesten verschont bleiben, die am wenigstens ängstlich sind, und zwar offenbar
fast ohne Rücksicht auf ihre Körperkonstitution.

Das erklärt sich aus den Beziehungen zwischen dem
sogenannten animalischen und dem vegetativen Nervensystem des Menschen.

Grauen, Angst, Gefahr, die wir mit dem Zentralorgan
des animalen Nervensystems, dem Gehirn, registrieren
bzw. empfinden, lösen auf dem Wege von dort über das am
Hirngrunde gelegene vegetative Zentrum der Gefäßnerven
eine krampfartige Verengung der Blutgefäße, wenigstens
an der Körperoberfläche, aus, die in der bekannten Erscheinung des Erblassens (Blutleere der Haut infolge der
Gefäßverengung) zum Ausdruck kommt.

In gleicher Weise dürfen wir uns auch die gesteigerte
Infektionsempfindlichkeit bei besonders ansteckungsängst-
lichen Personen erklären.

Indem auf die beschriebene Weise oberflächlich gelegene
Gefäßbezirke, z. B. die der Atmungsschleimhaut, vom Blut
entblößt werden, büßen diese Gewebe an Widerstandskraft
gegen die Keime und ihre Gifte ein; denn das Blut und der
aus ihm abgeschiedene Gewebssaft, die Lymphe, ist nicht
nur Nährlösung für die Zellen, sondern bedingt auch deren
physikalischen Spannungszustand, den Gewebsturgor oder
Tonus, also ihre mechanische Widerstandskraft.

Aber nicht nur aus diesen Gründen sind schlecht durch-
blutete Gewebe besonders infektionsbedroht; sondern Blut
und Lymphe sind die wichtigsten Träger der

Abwehreinrichtungen und Schutzstoffe des Körpers gegen die Krankheitskeime und ihre Gifte.

Hier muß jedoch noch auf eines hingewiesen werden:
Auch örtliche Blutüberfüllung kann unter Umständen eine
Infektion begünstigen; es handelt sich dann aber um
Stauungsvorgänge, zufolge deren das Blut in den betref-

fenden Geweben nicht ungehemmt strömen und sich nicht erneuern kann; es ist gewissermaßen zum toten Ballast geworden.

Nun ist es interessant, daß gleichwohl auf das Eindringen von Bakteriengiften, Endotoxinen oder Ektotoxinen, eine analoge Erscheinung in dem betreffenden Gewebsbezirk auftritt: eine Blutüberfüllung, die uns allen unter der Bezeichnung

Entzündung

bekannt ist. Solche Entzündungen entwickeln sich nicht nur in der Haut, wenn durch einen Riß, durch eine Verletzung Keime eingedrungen sind; sondern wir können sie z. B. auch beim Schnupfen, beim Rachenkatarrh, beim Augenbindehautkatarrh ohne künstliche Hilfsmittel an der Rötung und Schwellung der betreffenden Schleimhäute stets erkennen.

Genau so reagieren die anderen, unseren Blicken nicht zugänglichen Gewebe unseres Körpers auf eine Infektion mit dem Vorgang der Entzündung.

Wie verläuft die Entzündung?

Wir haben bereits früher angedeutet, daß man die Entzündung als eine Abwehrmaßnahme des Körpers gegen die Bakterien und ihre Giftstoffe auffaßt; aber die Sache ist doch nicht so, daß die Entzündung ein solcher rein aktiver Vorgang wäre.

Dafür spricht ja auch die Tatsache, daß echte Entzündungen außer durch Bakteriengifte auch durch mancherlei andere Stoffe (Terpentinöl, Höllenstein, Sublimat u. a.), durch Temperatur-, elektrische, mechanische Einflüsse hervorgerufen werden können, gegen die der Körper nicht etwa durch eine Entzündung Abwehrkräfte mobilisieren kann. Diese Entzündungen schreiten allerdings im Gegensatz zu den bakteriellen niemals weiter fort.

Von der ganzen Entwicklung der Entzündung müssen wir uns folgende Vorstellung machen, die wir in Abb. 31 zu veranschaulichen suchen.

Das — vielleicht zuvor schon durch andere Einflüsse, wie Kältereize usw. geschädigte und in seiner Widerstandskraft geschwächte — Gewebe wird durch die Gifte der Bakterien, die sich in ihm ansiedeln, weitergehend geschädigt und zerstört; auch die Blutgefäßnerven in dem befallenen Gewebe werden durch die Gifte der Bakterien und die Zerfallsprodukte des Gewebes gereizt, genau wie die Empfindungsnerven, die in dem Gewebe verlaufen, und deren Reizung wir als S c h m e r z empfinden. Die Reizung der Blutgefäßnerven jedoch führt zu einer Erweiterung der Adern (daher Rötung des entzündeten Gewebes) und zu einem Austritt von Blutflüssigkeit und weißen Blutkörperchen, sogenannten Freßzellen (manchmal auch von roten Blutkörperchen) durch die gedehnten Blutgefäßwände hin-

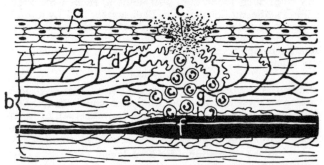

Abb. 31. Die Entzündung. a) Deckgewebe; b) Bindegewebe; c) zerstörtes Deckgewebe, eindringende Bakterien; d) gereizte Empfindungsnerven (Schmerz); e) gereizte Blutgefäßnerven; f) Blutgefäßerweiterung g) Austritt von Freßzellen; d—g) Entzündungsvorgang. Näheres im Text.

durch in das umgebende Gewebe (Schwellung des entzündeten Gewebes).

Es wird angenommen, daß die weißen Blutkörperchen durch die Gifte der Bakterien förmlich angelockt werden. Sie treten also aus den Blutgefäßen durch deren Wände hindurch aus, wandern in das geschädigte Gewebe ein und gehen zum Angriff auf die Bakterien vor.

Durch den Austritt von Blutflüssigkeit in das geschädigte Gewebe wird den Freßzellen die Arbeit wesentlich erleichtert bzw. erst möglich gemacht.

Im Blut enthalten sind nämlich gewisse

Lockstoffe oder Opsonine

(opson heißt Würze), welche die Bakterien den Freßzellen des Körpers gewissermaßen erst schmackhaft machen; und weiterhin führen Blut und Lymphe die sogenannten

Alexine

(alexo = ich schütze), die als ausgesprochene Gegengifte
der Bakterien zu gelten haben. Indem diese Alexine, möglicherweise gemeinsam mit gewissen Stoffen, welche die
Blutplättchen abscheiden, und die man als

Plakine

(von plax = Platte) bezeichnet, die Bakterien schädigen
und wohl auch schon zum Teil abtöten, rücken die Freßzellen (weiße Blutkörperchen, Leukozyten, und Lymphzel-
len, Lymphozyten, gemeinsam mit Wanderzellen des Bindegewebes) weiter vor und nehmen die solcherart vor-
bereiteten Keime in sich auf, fressen sie gewissermaßen,
was man

Phagozytose

(phagein = fressen, zytos = Zelle) nennt. Die Freßzellen
kreisen zu diesem Zweck die Bakterien wallartig ein, nehmen sie (wie auch die zerstörten Gewebeteile) in ihren
Leib auf und töten und verdauen die Keime usw. vermit-
tels gewisser Stoffe, die sie produzieren, und die man

Leukine oder Endolysine

nennt (Leukine von leukos, weiß; Endolysine = im Inneren
der Freßzellen wirkende Auflösungsstoffe). Abb. 32 zeigt
uns einen solchen, von Freßzellen um Bakterien herum-
gebideten Wall und die Aufnahme der Bakterien durch die
Freßzellen Phagozyten, in ihr Körperinneres.

Immunisierung

Sieg oder Niederlage

wird weitgehend durch den Verlauf der Entzündung entschieden.

Werden die Abwehrkräfte des Organismus der Bakterien
und ihrer Gifte am Orte ihres Eindringens im Verlauf der
Entzündung völlig Herr, so hat der Mensch den Sieg über
die Eindringlinge und ihre gefährlichen Giftstoffe davon-
getragen.

Aber ein so völliger Sieg ist selten; werden auch wohl
die Keime vielfach durch die Freßzellen des Körpers vernichtet, so geht doch meist ein Teil ihrer Giftstoffe in die

Blutbahn über, was sich in den mancherlei bekannten Erscheinungen kundtut, wie sie bei Infektionen aufzutreten
pflegen: Allgemeine Mattigkeit, Kopfschmerzen, Appetitlosigkeit, Schüttelfröste, Fieber usw.

Nicht selten unterliegen aber auch die körpereigenen Abwehrkräfte am Ort der Entzündung dem Ansturm der
Keime so weit, daß diese in mehr oder weniger großen
Mengen in den Blut- und Säftestrom des Körpers gelangen
und so zu anderen Geweben verschleppt werden, die sie

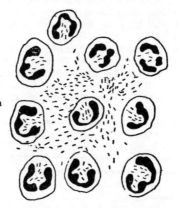

**Abb 32. Freßzellen
kreisen Bakterien ein
und vertilgen sie**

dann angreifen und in denen sie sogenannte Tochterherde,
Metastasen, bilden, wie das ja bereits erwähnt worden ist.

Man wird also im Kampf gegen die Infektionskrankheiten zunächst einmal bedacht sein müssen, den Verlauf
der Entzündung, d. h. der kriegerischen Auseinander-
setzung zwischen den eingedrungenen Krankheitskeimen
und ihren Giften einerseits und den Abwehrkräften und
Freßzellen des Körpers andererseits, möglichst günstig
für den Menschen zu gestalten, seine

allgemeine Immunität,

seine Widerstandskraft gegen Infektionserreger überhaupt
zu steigern.

Die hierher gehörigen Maßnahmen sind sehr vielfältiger
Natur; es gehört z. B. dazu die Fürsorge für einen allge-

meinen guten Ernährungszustand, einen geregelten Stoffwechsel, einen gesunden Kreislauf; es gehört vor allen Dingen dazu der ganze Komplex der sogenannten Abhärtungsmaßnahmen, die letzten Endes alle darauf hinauslaufen, durch ein planmäßiges Training der Blutgefäßnerven (z. B. durch die Wechselwirkung kalt-warm) diese in die Lage zu versetzen, die von ihnen versorgten Blutgefäße stets rechtzeitig in zweckentsprechender Weise zu verengen oder zu erweitern; und es gehört hierher auch letzten Endes eine gewisse Willensschulung dahingehend, übertriebene Ängstlichkeit vor einer Infektion zu überwinden, ein Kapitel, das ja schon zur Sprache gebracht worden ist.

Darüber hinaus aber kennen wir auch gewisse Arzneistoffe, die bei planvoller Darreichung durchaus geeignet sind, die allgemeine Immunitätslage des Körpers zu verbessern, z. B. das blutbildende Eisen und vor allem den Kalk, der die Entzündungsbereitschaft der Gewebe herabsetzt und die Beweglichkeit und Freßtätigkeit der Leukozyten steigert (siehe auch die im gleichen Verlag von demselben Verfasser erschienene Schrift „Die Heilmittel — woher sie kommen — was sie sind — wie sie wirken").

Auf die Regsamkeit und Waffentüchtigkeit dieser Freßzellen kommt es ja aber, wie man aus den vorhergegangenen Ausführungen ohne weiteres entnehmen kann, hier in hohem Maße an.

Nach einem von dem englischen Pathologen W r i g h t (dem wir neben dem russischen Biologen M e t s c h n i k o w besonders wertvolle Aufschlüsse über die „Freßzellen" des Körpers verdanken) erdachten Verfahren wird sogar die Widerstandskraft des Körpers gegen Infektionserreger dadurch bemessen, daß man unter dem Mikroskop feststellt, wieviel Bakterien die einzelnen Leukozyten gefressen haben; man nennt das die „phagozytische Zahl" und versteht unter der häufiger gebrauchten Bezeichnung

opsonischer Index

(über Opsonine siehe oben; Index-Anzeiger) die phagozytische Zahl eines Infizierten, dividiert durch die phagozytische Zahl eines Gesunden.

Um die allgemeine Immunitätslage des Körpers zu verbessern, hat man vor einer Reihe von Jahren eine Me-

thode ersonnen, die inzwischen in Form mannigfacher
Präparate verbreiterte Anwendung gefunden hat, die

Reizkörper oder Eiweißkörpertherapie

der Infektionskrankheiten. Spritzt man nämlich Eiweiß
oder gewisse andere Stoffe ein, so zeigt sich, daß der
Körper auf diese „Reize", offenbar unter Anregung der
entsprechenden Leistungen a l l e r Zellen (sogenannte
„Protoplasmaaktivierung") mit einer Steigerung seiner Widerstandsfähigkeit und Abwehrkraft reagiert.

Wenn man auch über das innere Wesen dieser „Reizkörpertherapie" noch keine klaren Vorstellungen hat, so
hat sich die Methode doch, wie bereits gesagt, im Laufe
der letzten Jahrzehnte in vieler Hinsicht bewährt; man
wendet sie z. B. an in Gestalt der Präparate Aolan (aus
Milcheiweiß), Caseosan (sterile Caseinlösung), Novoprotin
(aus Pflanzeneiweiß), Dermaprotin (aus Casein, ätherischen
Ölen und Bakterieneiweißstoffen), Omnadin (aus Stoff-
wechselproduktion unschädlicher Bakterien, tierischen
Fettsubstanzen), sowie auch, was besonders interessant ist,
in Form von

Einspritzungen von Eigenblut,

nachdem von dem berühmten Chirurgen B i e r der Weg
dazu durch die Verwendung von Tierblut als „Reizkörper"
gewiesen war.

Der Patient selbst ist heute der Lieferant seines Heil-
mittels in Form des eigenen Blutes, von dem man ihm aus
der Ellenbogenvene einige Kubikzentimeter entnimmt, die
in die Gesäßmuskulatur eingespritzt werden, und es zeigt
sich, daß das eigene Blut genau so, ja oft besser als körper-
fremdes Eiweiß und andere Reizstoffe die Abwehrkraft des
Organismus erheblich zu steigern vermag, ohne daß dieser
Eingriff jemals schädliche Folgen haben könnte.

Wir sind in zwei der vorstehend aufgeführten Präparate
zur Reizkörperbehandlung, dem Omnadin und dem Dermaprotin, einem Gehalt derselben an Bakterienstoffen begegnet und müssen uns daraufhin doch erstaunt fragen:
„Wie ist es möglich, daß jemand, der an einer bakteriellen
Infektion erkrankt ist, also schon mit den in seinem Körper entwickelten Stoffwechselprodukten der Bakterien zu

kämpfen hat, gebessert werden soll, indem man ihm auch noch solche künstlich durch Einspritzung zuführt!"

Damit kommen wir zu dem vielleicht interessantesten Kapitel in der ganzen Geschichte des Kampfes gegen die Bakterien, zu der

künstlichen Immunisierung,

jener segensreichen Methode der Seuchenbekämpfung, die auf das engste mit den großen Forschernamen P a s t e u r , K o c h , B e h r i n g , J e n n e r , E h r l i c h verknüpft ist und zu deren Aufbau und Anwendung die Beobachtung geführt hatte, daß nach manchen Infektionskrankheiten, wie z. B. nach Masern, Pocken, Scharlach, eine Immunität des Organismus gegen die Erreger dieser Infektionskrankheiten zurückbleibt, daß der Mensch also von diesen Seuchen nur einmal im Leben befallen wird, dann aber immun gegen ihre Erreger bzw. deren Giftstoffe ist. Wie war das zu erklären?

Nur so, daß der Körper im Kampf mit diesen Bakterien ein Gegengift gegen dieselben erzeugte, das ihm die betreffenden Infektionserreger nicht nur überwinden ließ, sondern ihm eine bleibende Überlegenheit über diese verschaffte.

Es ist freilich schwer vorstellbar, daß derartige Gegengifte als solche jahrzehntelang im Körper verbleiben und wirksam bleiben; man darf vielleicht eher annehmen, daß der einmalige gewaltige Kampf mit den in Betracht kommenden Keimen den Körper so auf die Produktion von Abwehrstoffen gegen dieselben trainiert hat, daß sie ihm nicht mehr gefährlich werden können.

Es müßte sich dann also um gewisse „spezifische", nur auf die jeweilige Bakterienart gerichtete Kampfgifte handeln, die der Körper bildet?

Ja! Und das ist der Unterschied zwischen dem allgemeinen Abwehrvermögen des Körpers gegen krankmachende Keime, wie wir es in Gestalt einer „allgemein günstigen Immunitätslage", in Form der phagozytären Leistungen der Leukozyten und anderer Freßzellen des Körpers, in der Wirkung der Alexine usw. kennengelernt haben.

Und während sich die vorbesprochenen künstlichen Maßnahmen zur Steigerung des Abwehrvermögens unseres

Körpers (Reizkörpertherapie) vorwiegend auf seine allgemeine Immunität erstreckten, haben wir es jetzt mit einer

spezifischen Immunisierung

des Organismus gegen jeweils verschiedene Krankheitserreger bzw. deren Gifte zu tun, die man in diesem Zusammenhang auch

Antigene

nennt (von anti = gegen und gennao = ich erzeuge, d. h.
Stoffe, die im Körper zur Erzeugung von Gegengiften Anlaß geben).

Das heißt also: der Körper bildet gegen spezifische
Krankheitserreger und deren Gifte, Toxine, — abgesehen
von seinen allgemeinen und früher beschriebenen Ab-
wehrleistungen — jeweils spezifisch Gegengifte; und das
Wesen der künstlichen spezifischen Immunisierung besteht
darin, den Körper in dieser Gegengiftbildung nach Kräf-
ten zu unterstützen.

Welcher Art sind die Gegengifte,

die der Körper gegen die verschiedenen spezifischen Erreger hervorbringt?

Wir haben da zunächst zu nennen solche Kampfmittel
des Körpers, die sich gegen die Erreger selbst richten, das
sind die im Blutplasma bzw. im Serum auftretenden

Agglutinine und Bakteriolysine,

von denen erstere die Eigenschaft haben, die Bakterien
zu lähmen und zu mehr oder weniger wehrlosen Haufen
zusammenzukleistern (gluten = Leim; agglutino = ich
klebe an), während den Bakteriolysinen die Fähigkeit zukommt, die solcherart verkleisterten Bakterienleiber auf-
zulösen, zu zerstören (lyo = ich löse).

Den bakterienfeindlichen Agglutininen und Bakteriolysinen gesellen sich als weitere Kampfmittel des Körpers
hinzu die eigentlichen Gegengifte, die

Antitoxine und Präzipitine,

von denen erstere die Ektotoxine, also die gefährlichen
Stoffwechselgifte der Bakterien, unschädlich zu machen
vermögen, während letztere das artfremde Eiweiß (Bak-
terieneiweiß) im Blut ausfällen (praecipitare heißt fällen).

Über die Bildungsstätten dieser verschiedenen spezi-

fischen Kampfmittel im Körper ist man noch im unklaren;
einen wesentlichen Anteil daran dürfte das sogenannte
retikuloendotheliale System von Milz und Leber haben;
wir können auf diese Probleme jedoch hier nicht näher
eingehen; sondern wenden uns wieder der Aufgabe zu.
gegen die verschiedenen spezifischen Krankheitserreger
und deren Gifte auf dem Wege der künstlichen spezifischen Immunisierung die vorbeschriebenen, jeweils gleichfalls keimspezifischen Kampfmittel des Körpers in er-
höhtem Maße mobil zu machen.

Das geschieht entweder dadurch, daß man dem Körper
durch die Haut hindurch abgetötete oder durch entspre-
chende Züchtung abgeschwächte Erreger der jeweils in
Betracht kommenden Bakterienart als „Antigene" ein-
impft und dadurch eine verstärkte Gegengiftbildung im
Organismus hervorruft. Das nennt man

aktive Immunisierung

oder Vakzine (= Impfstoff-)therapie.

Oder aber man verfährt so, daß man dem Menschen das
Blutserum von Tieren einspritzt, die zuvor mit den in Betracht kommenden Bakterien infiziert worden waren und
in deren Blut sich demzufolge reichlich Abwehrstoffe gegen
die Erreger gebildet hatten, die man nun dem menschlichen Organismus mit der Serumeinspritzung zur Verfügung stellt, damit er sich ihrer in seinem Kampf gegen
die Keime und ihre Toxine als Hilfstruppen bedienen kann.
Das ist die

passive Immunisierung

oder Serumtherapie.

Als Beispiele für die aktive Immunisierung seien genannt: die Schutzpockenimpfung, die Choleraimpfung, die
Ruhrimpfung, die Typhusimpfung, die Tollwutimpfung.

Die aktive Immunisierung wird meist als prophylaktische
(vorbeugende) Maßnahme angewendet.

Als bekannteste Beispiele der passiven Immunisierung
seien genannt:

die Behandlung mit Diphtherieserum und mit Tetanus-
(Starrkrampf-)serum. Die Erklärung der immunbiologi-
schen Vorgänge hat übrigens E h r l i c h in seiner sogenannten

Seitenkettentheorie

zu geben versucht. Danach besteht jede Zelle aus einem Leistungskern und soundso vielen Seitenketten („haptophoren" Gruppen, Rezeptoren), welch letztere die Bakteriengifte zu binden vermögen. Dadurch entsteht aber eine Schwächung der normalen Funktionen der Zelle, die diese durch eine Überproduktion von Seitenketten auszugleichen sucht. Die überschüssigen Seitenketten werden als „Haptine" ins Blut abgestoßen und bilden da die sogenannten Antitoxine.

Die Ehrlichsche Erklärung ist noch etwas verwickelter; wir können aber hier auf Einzelheiten verzichten und uns darauf beschränken, die Seitenkettentheorie erwähnt zu haben, obwohl man über diese Auffassung verschiedener Ansicht sein kann.

Gegenüber der Steigerung der Immunität des Körpers gegen gewisse Bakteriengifte müssen wir auch eine gelegentlich auftretende gegensätzliche Erscheinung erwähnen: eine erhöhte Empfindlichkeit des Organismus gegenüber Bakteriengiften, unter deren Einfluß er schon einmal gestanden hat oder noch steht (das gilt auch für andere „toxisch" wirkende Stoffe). Man nennt diese Erscheinung

Anaphylaxie oder Allergie

(Worterklärungen siehe in dem im gleichen Verlage von demselben Autor erschienenen Büchlein „Medizinische Fachsprache verständlich gemacht"); sie ist besonders von dem Forscher P i r q u e t studiert und namentlich für die Diagnose der Tuberkulose praktisch verwendet worden.

Bringt man z. B. in die Haut Tuberkulöser etwas tuberkelbazillenhaltiges Material, so entsteht an dem Ort der Applikation eine entzündliche Reaktion; Fiebertemperaturen treten auf, und es zeigt sich an diesen und anderen Symptomen einer „Anaphylaxie", daß der Betreffende tuberkulös infiziert ist.

Chemotherapie

Die Entwicklung der Heilmittelsynthese ist natürlich auch an dem Gebiet der Bekämpfung von Infektionskrankheiten nicht vorübergegangen, wie wir ja schon in dem Abschnitt über die Reizkörpertherapie gesehen haben, sondern sie hat auch eine große Reihe von Präparaten geschaffen, die dazu dienen, die in den menschlichen Körper eingedrungenen Bakterien unmittelbar anzugreifen und zu schädigen bzw. zu vernichten.

Man nennt dieses Gebiet der Bakterienbekämpfung, auf dem als Kampfmittel chemische Stoffe zur Anwendung kommen,

Chemotherapie

Lange schon bevor man die Bakterien entdeckt hatte und in Zusammenhang mit seuchenartig auftretenden Erkrankungen bringen konnte, bediente man sich bereits chemischer Stoffe zur Krankheitsbekämpfung. Erwähnt sei hier besonders die bereits im 16. Jahrhundert übliche Anwendung von Jod und Quecksilber z. T. in Form ihrer Salze zur Behandlung der Syphilis. Der Erreger dieser Krankheit, die Spirochaeta pallida „Schaudinn", wird allerdings heute mehr zu den Protozoen als zu den Bakterien gezählt. **Umlauf, Fingerwurm, Panaritium,** ist eine Phlegmone des Nach Entdeckung des Salvarsans und seiner Derivate, sowie der Wismutsalze verließ man die Jod- und Quecksilberbehandlung mehr und mehr, um sie nur noch in bestimmten Fällen anzuwenden.

Ein bekanntes Chemotherapeutikum, das Chinin, schon lange vor Entdeckung der Bakterien und Protozoen gegen Malaria verwendet, ist heute mehr und mehr durch Atebrin und Plasmochin (Acridin- und Chinolinderivate) verdrängt worden, die bei besserer Verträglichkeit umfassendere Wirkungen gegen die verschiedensten Formen und Stadien der Malaria zeigen.

Auch die Salicylsäure, die jetzt in besser verträglicher Form als Aspirin und ähnliche Verbindungen gegen viele bakterielle Erkrankungen, Rheuma, Erkältungskrankheiten usw. Verwendung findet, gehört zu den schon lange bekannten Chemotherapeutica.

Die großen Schwierigkeiten, die sich der Einführung der Chemotherapie in den Arzneischatz entgegenstellten, bestanden darin, daß sehr viele Chemikalien, die sich im Reagenzglas als starke Gifte für Bakterien erwiesen, auch im Organismus als schwere Plasmagifte auftraten. Es bedurfte zäher, unermüdlicher Forschungsarbeit und ungezählter Tierversuche, um Stoffe zu finden, die bei hoher Giftigkeit Krankheitserregern gegenüber, beste Verträglichkeit im menschlichen und tierischen Körper zeigten.

Bei der ungeheueren Fülle der entwickelten Chemotherapeutica ist es nur möglich, die wichtigsten, die wirklich Umwälzungen der ärztlichen Therapie hervorbrachten, zu erwähnen.

Germanin (Bayer 205) ist auch heute noch das Mittel der Wahl bei Bekämpfung der Geisel der Tropen — der Schlafkrankheit.

Ferner: Salvarsan und seine Derivate zur Syphilisbehandlung, Atebrin und Plasmochin (zur Malariabehandlung).

Rivanol (ein chemotherapeutisches Oberflächen- und Tiefenantiseptikum, auch innerlich gegen Darminfektionen gebraucht).

Trypaflavin (Antiseptikum bei Wunden, intravenös bei Malta- und Bang-Fieber).

Und schließlich das

Prontosil als Übergang zu den Sulfonamiden, die heute der Chemotherapie einen gewaltigen Aufschwung gegeben haben. Mit der Entdeckung der Sulfonamide nahm man erneut den Kampf gegen die heimtückischen Bakterienerkrankungen, die hauptsächlich in Kriegs- und Nachkriegszeiten als Folgen der besonderen Verhältnisse auftreten, mit Hilfe der Chemotherapie, auf.

Marfanil, Prontalbin, Uliron, Cibazol, Sulfanilamid, Eleudron, seien nur als die wichtigsten Vertreter dieser neuen chemotherapeutischen Krankheitsbekämpfung erwähnt.

Es ist unmöglich im Rahmen dieser kurzen Abhandlung auch nur einigermaßen erschöpfend auf die sepzielle Einwirkung der einzelnen Sulfonamide gegen bakterielle Infektionen eingehen zu können. Ihre Wirkung erstreckt sich auf Streptokokken, Staphylokokkenerkrankungen, wie Gonorrhoe, Kindbettfieber, Scharlach, Lungenentzündung, Gasbrand, Wundrose u. v. a.

Zur näheren Information, dieser noch stark im Ausbau befindlichen Therapie, weisen wir auf das im gleichen Verlag erschienene Büchlein (Die Heilmittel, was sie sind — woher sie kommen — wie sie wirken), hin.

Dort finden sich auch wertvolle Hinweise auf die allerneueste Form der Bakterienbekämpfung mit Hilfe der sogenannten „Antibriotica", wie: Penicillinen, Weycellin, Streptomycin, Acrosporin und ähnlichen Verbindungen, die heute in der Bekämpfung der Syphilis, der Hirnhautent-Bakterien.

4

zündung, des Keuchhustens und des Unterleibstyphus bereits einen breiten Raum einnehmen.

Auch die synthetische Chemie hat uns eine Reihe wertvoller keimtilgender und bakterienfeindlicher Mittel geliefert; und im Anschluß hieran kommen wir nun zu dem Kapitel der

Entseuchung und Entkeimung
oder
Desinfektion und Sterilisation

womit es folgende Bewandtnis hat:

Lassen sich auch nicht alle von der chemischen Forschung ermittelten, keimtilgenden Stoffe benutzen, um Infektionserreger, die in unserem Körper bereits festen Fuß gefaßt haben, zu bekämpfen und zu vernichten (weil eben, wie bereits gesagt, sehr viele dieser Stoffe auch auf die Zellen unseres Organismus zerstörend wirken), so läßt sich mit ihnen doch außerhalb des menschlichen Körpers ein erfolgreicher Kampf gegen die Bakterien führen, sei es, daß man die Keime in der Luft unschädlich machen will (wie es z. B. durch die Desinfektion von Krankenzimmern mit Formaldehyddämpfen u. a. geschieht), sei es, daß man Gebrauchsgegenstände u. a. keimfrei machen will (wozu man sich etwa des Lysols, Lysoforms, Chinosols, Sublimats, Chlorkalks, Chloramins, Alkohol, Phenols, Sagrotans, Zephirols, Quecksilberoxycyanids usw. bedient), sei es, daß das Operationsgebiet, die Hautoberfläche, die Operationsinstrumente, die Hände des Operateurs vor dem blutigen Eingriff, vor der Entblößung innerer Körpergewebe von der keimschützenden Decke der Haut von Keimen befreit werden sollen, sei es, daß die Verseuchung einer offenen Wunde mit Entzündungs- und Eitererregern usw. aufgehalten oder verhütet werden soll, wozu man sich z. B. der Borsäure, gewisser Jod-, Quecksilber-, Salizyl-, Chininverbindungen, Anilinfarbstoffe, Chinolinderivate u. a. bedient (siehe auch Dr. Strauß, „Die Heilmittel — was sie sind — woher sie kommen — wie sie wirken", Alwin Fröhlich Verlag, Hamburg).

So bedeutend die Erfolge der Chemie auch auf diesem Gebiete sind, so sind die chemischen Desinfektionsmittel, die im Jahre 1867 mit der Karbolsäure (Phenol) durch den

englischen Chirurgen L i s t e r Eingang in die Chirurgie
gefunden haben, doch namentlich auf dem Gebiet der Ope-
rationstechnik weitgehend verdrängt worden durch die
zweite hier zu erwähnende Methode, die

Entkeimung oder Sterilisation,

die man auch als Asepsis oder Aseptik bezeichnet, während
man für die Entseuchung oder Desinfektion auch die Bezeichnungen Antisepsis oder Antiseptik gebraucht.

Als die Bakteriologie mehr und mehr in Blüte kam und
man die mancherlei Saprophyten als Erreger von Fäulnis-
und Zersetzungsprozessen in Nahrungsmitteln und der-
gleichen kennenlernte, gelangte man allmählich auch zu
der Erkenntnis, weshalb gekochte Nahrungsmittel sich
länger hielten als rohe: durch den Kochprozeß wurden
offenbar die auf den Speisen zuvor lebenden Keime ab-
getötet.

Man versuchte nun diese Erkenntnis auch auf die para-
sitischen Keime zu übertragen, und es zeigte sich, daß die
Verhältnisse hier nicht wesentlich anders lagen.

So gehen die meisten Keime in Flüssigkeiten (z. B. Arz-
neistofflösungen, die zu Einspritzungen unter die Haut
oder in die Blutbahn benutzt werden sollen und daher
keimfrei sein müssen), schon beim

Pasteurisieren

(nach dem Pariser Chemiker und Biologen P a s t e u r),
d. h. bei längerem Erhitzen der Lösungen auf 55 bis
75 Grad zugrunde: Diphtherie- und Cholerabazillen schon
nach einer Minute bei 55 Grad, die meisten anderen Bakterien bei gleicher Temperatur innerhalb 20 Minuten; fast
alle Keime innerhalb weniger Sekunden, wenn bis auf
75 Grad erhitzt wird. Auch hier ist natürlich wieder eins
in Rücksicht zu ziehen: So wie bei innerlicher Anwendung
von Desinfektionsmitteln außer den Keimen unter Umständen auch die menschlichen Organe geschädigt werden können, so muß selbstverständlich auch hier Bedacht
darauf genommen werden, daß durch das Erhitzen nicht
auch zugleich mit den Keimen das Sterilisationsgut (Arz-
neistofflösungen usw.) zerstört wird.

Man hat deshalb für hitzeempfindliche Stoffe das nach
dem Londoner Physiker T y n d a l l benannte Verfahren
des

Tyndallisierens

eingeführt, das darin besteht, daß man das hitzeempfindliche Sterilisationsgut an mehreren Tagen hintereinander 1 bis 2 Stunden lang nur auf mittlere Temperaturen (bis höchstens 58 Grad) erhitzt.

Diese Prozedur nimmt aber nicht nur Rücksicht auf die Hitzeempfindlichkeit des Sterilisationsgutes, sondern auch auf folgende bedeutungsvolle Tatsache:

Die eigentliche Wachstums- oder vegetative Form der Keime geht meist leicht bei Anwendung von Hitze zugrunde, wie beim Pasteurisieren erwähnt; bildet eine Bakterienart aber sogenannte Sporen (siehe dort), so muß man gewärtig sein, daß diese widerstandsfähigen Dauerformen bei einmaligem Erhitzen des Sterilisationsgutes auch auf höhere Temperaturen erhalten bleiben und sich in dem erkalteten Medium wieder zu Bakterien entwickeln.

Erhitzt man aber, wie beim Tyndallisieren, mehrere Tage hintereinander, so gehen die etwaigen, sich jeweils aus den Sporen inzwischen wieder gebildeten Bakterien dabei zugrunde und man erhält also ein wirklich keimfreies Material.

Trockene Hitze ist für die Sterilisation zwar nicht wirksam wie feuchte; dennoch müssen wir uns ihrer häufig bedienen bei Gegenständen, die keimfrei gemacht werden sollen, aber keine Feuchtigkeit vertragen können: es muß dann unter entsprechenden Vorsichtsmaßnahmen auf desto höhere Temperaturen erhitzt werden.

Hier sei noch kurz erwähnt, daß Kälte die meisten Bakterien nicht wesentlich zu schädigen vermag; Austrocknen und Wasserentziehung dagegen wird meist nicht gut vertragen (hierbei beruht z. B. das Einzuckern von Einmachgut, das Pökeln — Einsalzen — von Fleisch usw.).

Einer der stärksten Faktoren der Entkeimung aber, die wir kennen, ist die Sonne mit ihrer Ultraviolettstrahlung; und darum wollen wir diesen ersten Teil unseres Büchleins schließen mit der Mahnung an alle, die anfällig gegen Infektionskrankheiten sind:

Laßt der Sonne heiliges Feuer
euch durchströmen und durchgluten:
was euch feind, stirbt; was euch teuer,
segnen ihre Strahlenfluten.

Zweiter Teil

II. Besondere Bakterienkunde

Die wichtigsten Infektionskrankheiten und ihre Erreger

1. Von der Haut ausgehende bzw. vorzugweise in ihr sich abspielende Infektionskrankheiten und ihre Erreger

Wir wenden uns zunächst denjenigen Infektionen zu, die sich in der

Haut

abspielen oder dort wenigstens besonders charakteristische Erscheinungen hervorrufen bzw. durch die Haut ihren Eingang in den Körper nehmen.

Die Haut ist bekanntlich ständig von zahlreichen Mikroben, saprophytischer sowohl wie parasitischer Natur, bewohnt. Unter normalen Umständen ist sie aber gegen diese geschützt einmal durch den Säuremantel, der die Haut umkleidet, und zum anderen durch die Undurchdringlichkeit ihres unverletzten Epithels für Krankheitserreger.

Anders gestalten sich die Verhältnisse, wenn die Epidermis irgendwo eine Verletzung erfährt, die unter Umständen für uns gar nicht wahrnehmbar zu sein braucht: dann dringen die auf der Hautoberfläche in Massen vorhandenen Keime ein und können, je nach ihrer Art, die mannigfachsten Krankheitsbilder in der Haut verursachen.

Jedoch nicht nur in solchen Fällen, in denen das Hautgewebe selbst die Stätte der primären Infektion ist, begegnen wir infektiösen Hauterscheinungen; sondern da die Haut ein Reaktionsorgan erster Ordnung und dazu ein wichtiges Ausscheidungsorgan ist, sehen wir mancherlei Hautveränderungen auch bei solchen Infektionskrankheiten auftreten, deren Erreger auf einem anderen Wege in den Körper gelangt sind und außer den Hauterscheinungen mancherlei andere Schädigungen verursachen. —

An erster Stelle mögen nun kurz einige durch Pilze verursachte, infektiöse Hautkrankheiten erwähnt werden:

Erbgrind, Favus, die bekannte Erscheinung, die besonders häufig an den behaarten Kopfteilen der Kinder auftritt, durch eine Pilzart, Achorion Schönleinii, verursacht.

Trichophytien, durch Pilze verursachte Erkrankungen der Horngebilde der Haut, wie z. B. der Nägel und Haare, letztere unter Haarausfall bzw. Abbrechen der Haare verlaufend (s. Abb. 33).

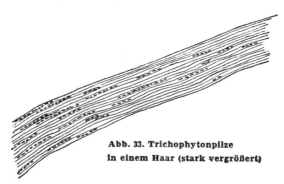

**Abb. 33. Trichophytonpilze
in einem Haar (stark vergrößert)**

Pityriasis, Kleienausschlag der Haut, in verschiedenen Formen auftretend; Pityriasis versicolor durch den Pilz Mikrosporon furfur verursacht (s. Abb. 34).

Strahlenpilzkrankheiten, Aktinomykosen, durch Strahlenpilze, Aktinomyzeten (s. Abb. 35) hervorgerufene, mit Abszeß- und Fistelbildungen verlaufende Hautkrankheiten, die auch auf innere Organe übergreifen können.

Wesentlich wichtiger und z. T. auch bedenklicher als die vorgenannten sind die nachfolgend beschriebenen Infektionskrankheiten, bei denen die Haut eine mehr oder weniger große Rolle spielt, und die durch noch unbekannte, vermutlich zu den „Apanozoen" gehörige Erreger verursacht werden:

Gürtelrose Herpes zoster, fast stets halbseitig am Rumpf auftretender, gürtelförmig sich ausbreitender Bläschenausschlag mit neuralgischen Schmerzen und Fieber. Der „spezifische" Erreger (ein solcher darf mit größter Wahrscheinlichkeit angenommen werden) ist noch nicht bekannt; das Gift wirkt offenbar auf die Nervenbahnen ein, deren Verlauf der Hautausschlag folgt.

Abb. 34. Sporenhaufen und Myzelfäden des Pilzes Mikrosporon furfur

Röteln, Rubeola, deren Hauptkrankheitsbild in einem masernähnlichen Hautausschlag besteht, während das Allgemeinbefinden im Gegensatz zu den Masern oder gar dem Scharlach wenig gestört ist. Der Erreger der Röteln ist noch nicht bekannt.

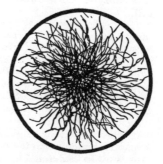

Abb. 35. Strahlenpilzkolonie

Windpocken, Varicellae, ein meist bei Kindern auftretender Bläschenausschlag, der sich unter Umständen auch auf die Lippen, Rachenschleimhaut, Augenbindehaut, ausbreiten kann, aber keine wesentlichen Allgemeinerscheinungen macht und meist innerhalb 8 bis 14 Tagen ohne Narbenbildung ausheilt.

Der Erreger ist noch unbekannt und wahrscheinlich unter den „Viren" zu suchen, zu denen ja auch der Erreger der

echten Pocken oder **Blattern, Variola,** gehört, welch letzterer inzwischen sichtbar gemacht werden konnte (siehe den Abschnitt „Ein dunkles Kapitel").

Die Pocken sind eine außerordentlich leicht übertragbare Krankheit; das Virus (Ansteckungsgift) ist sehr widerstandsfähig und verbreitet sich sowohl unmittelbar, wie auch durch Vermittlung von Gegenständen vom pockenkranken Menschen auf den Gesunden.

Die Inkubationszeit (Zeitspanne zwischen der erfolgten Infektion und dem Auftreten der charakteristischen Krankheitserscheinungen) beträgt 10 bis 14 Tage.

Dann stellen sich Fieber, Schüttelfröste, Kopf- und Kreuzschmerzen, auch Benommenheit, Schlaflosigkeit, Delirien ein; der Appetit liegt darnieder; bisweilen tritt Erbrechen auf. Die Milz ist stets geschwollen, ein Zeichen erhöhter Produktion und Mobilisierung von Lymphozyten als Abwehrtruppen gegen das Pockengift.

2—3 Tage später beginnen die Hauterscheinungen, indem sich zunächst ein kleinfleckiger, rötlicher Hautausschlag meist am Unterbauch und an der Innenseite der Oberschenkel zeigt. Erst diesem Frühausschlag folgt dann an anderen Stellen des Körpers (Kopf, Gesicht, Rumpf, Arme, Beine) der zunächst knötchenförmige, dann zu eingedellten Bläschen und Pusteln sich entwickelnde Pockenausschlag (s. Abb. 36).

Der weitere Verlauf der Krankheit ist teils günstig, teils aber auch sehr ungünstig; es können mancherlei Komplikationen auftreten, und der Tod ist kein seltener Ausgang. In anderen Fällen hinterlassen die Blatternarben mehr oder weniger grobe Entstellungen des Gesichts. Das einmalige Überstehen der Pockenkrankheit pflegt einen lebenslänglichen Schutz gegen diese zu verleihen.

In Deutschland ist die Seuche durch die bekannte Schutzpockenimpfung nach J e n n e r so gut wie ausgerottet.

Leider kann man das gleiche von zwei anderen, namentlich im kindlichen Alter auftretenden Infektionskrankheiten, die unter starker Mitbeteiligung der Haut verlaufen, nicht sagen, nämlich von den Masern und vom Scharlach. Die

Masern, Morbilli, eine sehr leicht übertragbare, epidemische (Epidemie — epidemios = durch das ganze Volk verbreitet: seuchenhaft auftretende Krankheit) Erkrankung, deren einmaliges Überstehen meist gegen Maserinfektion im weiteren Verlauf das Leben immun macht.

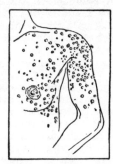

Abb. 36.
Echte Pocken (Variola)
an Brust und Oberarm

Der Erreger ist unbekannt und dürfte unter den Viren zu suchen sein.

Die Inkubationszeit, die meist noch keine besonderen Störungen des Befindens erkennen läßt, dauert 10 bis 11 Tage; dann treten bei hohem Fieber katarrhalische Erscheinungen an der Nasenschleimhaut (Schnupfen), der Augenbindehaut, der Kehlkopf- und Luftröhrenschleimhaut (belegte Stimme, heiserer Husten) auf. Die Schleimhaut des Nasen-Rachen-Raumes und der Luftwege ist es eben, die zuerst von dem Erreger befallen wird, und die Übertragung dürfte in den meisten Fällen durch Anniesen und Anhusten gesunder Kinder durch bereits infizierte stattfinden.

Hierbei ist für die Praxis der Vorbeugung von Wichtigkeit zu bedenken, daß eine solche „Tröpfcheninfektion" beim Anhusten bis auf 1 Meter, beim Anniesen bis auf beinahe 4 Meter Entfernung erfolgen kann.

Die Lymphknoten des Halses sind geschwollen (erhöhte Bildung von Schutz- und Abwehrzellen, Lymphozyten, in denselben); die Wangen- und Zahnfleischhaut weist weißliche kleine Flecken auf, während der Gaumen fleckig gerötet ist; auch die Gesichtshaut ist schon unregelmäßig verfärbt. Dieser Zustand dauert etwa 5 Tage, während welcher Zeit das Fieber wieder fällt; dann kommt es unter abermaligem Ansteigen des Fiebers zu dem sogenannten „Eruptionsstadium" (eruptio = Ausbruch) mit dem charakteristischen, meist hinter den Ohren beginnenden, dann das Gesicht befallenden Ausschlag von kleinen, roten, von einem blaßrötlichen Hof umgebenen Knötchen, der sich alsbald weiter über die übrige Körperoberfläche ausdehnt und kleine oder größere Quaddeln bildet.

Nach mehreren Tagen klingen sowohl die Hauterscheinungen (unter Abschuppung der Epidermis) wie auch Fieber und Katarrhe ab, und nach etwa 10 Tagen tritt dann Genesung ein, — wenn alles gut geht.

Leider neigen aber die Masern häufig zu Komplikationen, insbesondere insofern, als andere Infektionserreger sich die Vorarbeit des Maservirus nutzbar machen, um ihrerseits im Trüben zu fischen.

Von Komplikationen seien genannt: Augenerkrankungen, Mittelohrentzündung, Pseudokrupp, Diphtherie, Lungenentzündung. Auch eine bis dahin latent (verborgen) gebliebene Tuberkulose kann unter einer Masernerkrankung in Erscheinung treten; eine nicht seltene Nachkrankheit ist ferner der Keuchhusten.

Scharlach, Scarlatina, ist eine wesentlich gefährlichere Infektionskrankheit als Masern. Unbekannt ist auch hier ein spezifischer Erreger, als welchen wir wohl auch ein filtrierbares, invisibles Virus anzunehmen haben. Manche Forscher treten dafür ein, daß der Scharlach durch einen bestimmten Streptokokkus hervorgerufen wird, der sich (neben anderen Streptokokken, die nicht als „spezifisch" gelten können) stets und nur beim Scharlach finden soll. (Siehe auch Seite 24.)

Es ist auch gelungen, mit Reinkulturen dieses Streptokokkus am Gesunden scharlachähnliche Erkrankungen hervorzurufen. Das spricht jedoch nicht unbedingt dafür, daß dieser Streptokokkus in der Tat der Scharlacherreger ist; denn in den Reinkulturen und selbst in den Filtraten solcher wäre ja immer auch das filtrierbare Virus enthalten, falls, wie anzunehmen, ein solches als Erreger der Krankheit in Betracht kommt.

Der Scharlach ist eine sehr kontagiöse, d. h. leicht übertragbare, Krankheit (Contagium = Ansteckungsstoff, von contagio = Berührung), die sich sowohl unmittelbar, als auch durch Vermittlung anderer (Pflege-) Personen, von Gegenständen und Nahrungsmitteln vom Scharlachkranken auf den Gesunden verpflanzt, und zwar ist die Ansteckungspforte fast stets die Mundhöhle bzw. der Nasenrachenraum; wesentlich seltener tritt der Erreger durch irgendwelche Hautverletzungen in den Körper ein, bisweilen auch durch die Schleimhaut der Sexualorgane (Wöchnerinnen-Scharlach). Der Sitz der Erreger im Körper ist vermutlich die Schleimhaut der Nasen-Rachen-Höhle, von wo aus jedoch ihre Gifte (oder sie selbst) in die Blutbahn übergehen, wie das Toxin denn auch in den Bläschen des Ausschlags nachweisbar ist. Der Scharlacherreger ist außerordentlich widerstandsfähig und kann seine Ansteckungskraft monatelang behalten; seine Giftigkeit ist eine recht bedeutende, was aus den oft schweren Allgemeinerscheinungen und Komplikationen hervorgeht.

Das einmalige Überstehen des Scharlachs pflegt meist für die weitere Lebensdauer Immunität gegen diese Krankheit zu verleihen.

Die Inkubationszeit beträgt 3 bis 6 Tage, manchmal aber auch weniger, manchmal erheblich mehr; sie verläuft ohne ausgesprochene Störungen des Befindens.

Darauf treten plötzlich hohes Fieber, Halsschmerzen, Mandelentzündung (die sogenannte Scharlachangina), Kopfschmerzen, Unruhe, Benommenheit, Delirien ein, und bereits am ersten oder zweiten Krankheitstage zeigt sich der charakteristische Scharlachausschlag in Form von dicht aneinandersitzenden, roten Flecken, die vielfach durch einen scharlachroten Untergrund miteinander verbunden sind.

Der Ausschlag bedeckt den ganzen Körper mit Ausnahme des Kinn-Mund-Dreiecks. Die Allgemein-

erscheinungen bleiben während der 3 bis 4 Tage, die
das heftigste Stadium des Ausschlags bilden, schwer,
insbesondere die Entzündung der Rachenorgane. Cha-
rakteristisch ist auch noch die „Himbeerzunge" (etwa
vom 5. Tage ab). Nach Abklingen des Ausschlags und
der übrigen Beschwerden schuppt sich die Haut, oft
in großen Fetzen, ab.
Die besondere Gefahr des Scharlachs besteht in den
so häufigen Folgeerscheinungen, wie schweren und

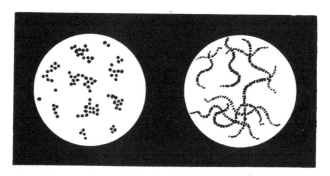

**Abb. 37/38. Links: Staphylococcus pyogenes; rechts Streptococcus
pyogenes**

schwersten Entzündungen der Mandeln (Scharlach-
diphtherie), Mittelorentzündung, Nierenentzündung
(Scharlachnephritis), die den Scharlach zu einer sehr
ernsten, unter Umständen lebensgefährlichen Erkrankung werden lassen können.
Wir kommen nun zu den durch Eitererreger verursachten Hautkrankheiten und -schädigungen (Wundinfek-
tionen usw.) und wollen uns zunächst mit den hier in
Betracht kommenden Haupt-Übeltätern bekanntmachen.
Es sind die der Staphylococcus pyogenes und der Streptococcus pyogenes (s. Abb. 37/38).
Diese beiden wichtigsten Entzündungs- und Eitererreger
sind rundliche Bakterien, Kokken (siehe Einteilung vorn),
von denen erstere dadurch charakterisiert sind, daß sie
in traubenförmiger Anordnung auftreten (staphyle = Wein-
traube), während letztere, sich mit den beiden breiteren

Seiten aneinanderlegend, mehr oder weniger lange Ketten bilden (streptos-Kette).

Der Staphylokokkus gehört zu den sauerstoffliebenden Keimen („Aerobier"), wächst aber gelgentlich auch bei Sauerstoffmangel. Er läßt sich nach G r a m gut färben; Gelatine wird von ihm verflüssigt; in Kulturen bildet er bei Sauerstoffzutritt entweder einen orangegelben, einen zitronengelben oder gar keinen Farbstoff. Man unterscheidet danach die drei Variationen: Staphylococcus aureus (aurum = Gold), Staphylococcus citreus und Staphylococcus albus (albus = weiß).

Der Staphylococcus aureus kommt hautpsächlich (neben Streptokokken) als Erreger der entzündlich-eitrigen Hauterkrankungen vor, von denen im folgenden die Rede ist. Er findet sich — neben dem Streptococcus albus — in der Luft, auf der Erde, in Abwässern, auf der Haut auch des Gesunden, in Mund-, Nasen-, Rachenhöhle, im Darmkanal, in Harnröhre und Scheide.

Außer bei den „pyogenen" (eitrigen) Erkrankungen der Haut (siehe weiter unten) kommt der Staphylococcus aureus u. a. bei Lungenentzündung, Rippenfellentzündung, Hirnhautentzündung, Knochenhautentzündung u. a. als Eitererreger mit vor.

Der Streptococcus pyogenes ist der weitestverbreitete Entzündungs- und Eitererreger. Sein Vorkommen entspricht dem des Staphylococcus aureus und albus; er ist an den meisten entzündlich-eitrigen Infektionen der Haut, gewöhnlich gemeinsam mit Staphylokokken, beteiligt und gilt als spezifischer Erreger der Wundrose (Rotlauf, Erysipel). Außer bei Hauterkrankungen erscheint er auch bei Anginen, Luftröhren- und Bronchialkatarrhen, Lungenentzündung, Kindbettfieber, Nierenentzündung, Gelenkrheumatismus, Rückenmarksentzündungen, bei Diphtherie, Scharlach (Folgekrankheiten!) u. a. m.

Seine Lebensbedingungen entsprechen denjenigen der Staphylokokken; im Gegensatz zu diesen jedoch verflüssigt er weder Gelatine, noch bildet er Farbstoffe.

Von den pyogenen Infektionen der Haut erwähnen wir nun:

Eitergrind, Impetigo contagiosa, einen meist bei Schulkindern an den unbedeckten Körperteilen auftretenden, vorwiegend durch Streptokokken, aber auch durch Staphylokokken verursachten Hautausschlag.

Bläschenausschlag der Neugeborenen, Pemphigus neonatorum, bisweilen auch bei älteren Kindern an Hals, Kopf, Gliedern auftretend, ähnlich vorigem, jedoch durch Staphylococcus aureus verursacht.

Bartflechte, Sycosis staphylogenes, Folliculitis barbae, durch Staphylokokken verursachte, von den Haarbalgdrüsen ausgehende entzündlich-eitrige Erkrankung der Bartgegend, bisweilen auch des Bezirks der Nasenhaare, Augenbrauen, Achsel-, Scham- und Kopfhaare.

Furunkel, Furunculus, fast ausschließlich durch Staphylococcus aureus und albus verursachte, von den Haarbalgdrüsen ausgehende Entzündung und Eiterung, die zur Bildung von Metastasen neigt und so zu dem Krankheitsbild der Furunkulose, Furunculosis, führt mit Tochterherden an den verschiedensten, mehr oder weniger behaarten Körperstellen, während der Primäraffekt gewöhnlich die Nackengegend betrifft.

Karbunkel, Carbunculus, aus dicht beieinanderstehenden Gruppen von Furunkeln bestehende, unter Umständen recht gefährliche Hauterkrankung.

Phlegmone sind Entzündungen des lockeren Bindegewebes der Haut (der Begriff wird manchmal auch weiter gefaßt, die im Anschluß an kleine, unbeachtete Hautverletzungen unter dem Einfluß von Staphylokokken und Streptokokken entstehen und unter ausgebreiteter Rötung, Schwellung, Eiterung verlaufen.

Umlauf, Fingerwurm, Panaritium, ist eine Phlegmone des Nagelbettes bzw. anderer Teile des Fingers, deren Erscheinungsform ja bekannt ist.

Wundrose, Rotlauf, Erysipel, Erysipelas, entwickelt sich unter Schüttelfrost und bis 40 Grad hohem Fieber durch Staphylokokkeninvasion in oft unbeachtete oder gar unbemerkte, kleine Hautverletzungen, besonders im Gesicht, in der Mund-Nasen-Gegend, von der Ohrmuschel oder der Kopfhaut ausgehend sowie auch an den Gliedmaßen, ja bisweilen sogar an den Schleimhäuten.

Die Hauterscheinungen sind charakterisiert durch scharf begrenzte, glänzende Rötung, Schwellung, Gespanntheit der betreffenden Partien.

Das Erysipel ist eine nicht unbedenkliche Erkrankung, zumal wenn sie in Form der Kopfrose auftritt, die Hirnhautentzündung im Gefolge haben kann.

Als

Schweinerotlauf, Erysipeloid, tritt eine ähnliche Erkrankung, verursacht durch Schweinerotlaufbazillen, nicht selten bei Fleischern, namentlich an den Händen, auf.

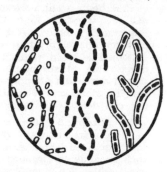

Abb. 39.
Milzbrandbazillen,
links mit Kapseln umgeben;
rechts sporenbildend;
daneben auch freie Sporen

Milzbrand, Anthrax, wird durch einen spezifischen Erreger, den Milzbrandbazillus, hervorgerufen, den wir in Abb. 39 kennenlernen. Wie dort zu sehen, trägt der Milzbrandbazillus seinen Namen mit Recht (bacillus = Stäbchen); er hat die Form eines plumpen Stäbchens mit abgerundeten Ecken und bildet, ähnlich wie der Streptokokkus, gern Ketten. Der Milzbrandbazillus ist gegenüber anderen Bakterien ziemlich groß; er ist demzufolge auch das erste Bakterium gewesen, das man als Krankheitserreger erkannte.

Er nimmt die Gramsche Färbung gut an.

Wie uns die Abb. 39 weiterhin zeigt (links), umgibt sich der Milzbrandbazillus unter Umständen mit einer Kapselhülle; und rechts auf dem Bild ist schließlich zu sehen, daß er auch Dauerformen, sogenannte Sporen, zu bilden vermag, die es dem Bazillus, der an sich nicht sehr widerstandsfähig ist, ermöglichen, sich lange lebensfähig zu erhalten.

Der Milzbrand ist in erster Linie eine Krankheit unserer Haustiere, überträgt sich aber durch milzbrandkranke Tiere — auch nach deren Tod durch

Felle, Pelze, Wolle usw. auf den Menschen, und daran eben sind die Dauerformen des Bazillus, die Sporen, schuld.

Selbst Bürsten und Pinsel (Rasierpinsel, Zahnbürsten!), die aus den Borsten milzbrandkranker Tiere gefertigt wurden, können so nach Jahren noch eine Milzbrandinfektion beim Menschen hervorrufen, und es darf heute wohl als feststehend betrachtet werden, daß das tragische Ende König Maximilians II. von Bayern, der nach dem Abbürsten des Körpers im Bade plötzlich ein schmerzhaftes Hautödem bekam und im Anschluß daran in wenigen Tagen seinen Geist aufgab, durch eine Milzbrandinfektion bedingt war, übertragen durch die offenbar von einem milzbrandkranken Tier stammenden milzbrandsporenhaltigen Borsten der von dem König beim Baden benutzten Bürste.

Der Milzbrand äußert sich nämlich zwar zum Teil in Hauterscheinungen (Milzbrandkarbunkel, Milzbrandödem, Milzbranderysipel); das Gift greift aber auch an anderen Organen (Darm, Lunge) an und bewirkt schließlich eine Sepsis, an welcher der Infizierte unter dem Bild höchster Kreislaufschwäche zugrunde gehen kann.

Die Krankheit kann natürlich auch verhältnismäßig gutartig verlaufen, insbesondere wenn sie sich auf die Haut beschränkt. Die Firma M e r c k / Darmstadt hat ein von milzbrandimmunisierten Schafen gewonnenes Heilserum in den Handel gebracht, das gute Dienste in der Bekämpfung dieser tückischen Krankheit leistet. —

Im vorhergehenden haben wir immer von mehr oder weniger scharf charakterisierten Krankheitsbildern gesprochen, die in der Haut durch Infektionserreger hervorgerufen werden; wir müssen uns aber darüber klar sein, daß natürlich bei allen Hautverletzungen und -wunden, die einen entzündlich-eitrigen Verlauf nehmen, Bakterien im Spiel sind, und zwar vorzugsweise Staphylokokken und Streptokokken, die Haupteitererreger, denn Entzündung und Eiterung stellen ja nichts anderes dar, als den Kampf der Abwehreinrichtungen und -kräfte des Organismus gegen die eingedungenen Keime, wie ja denn auch der Eiter im wesentlichen aus Freßzellen (Leukozyten,

Lymphozyten) des Körpers, zugrunde gegangenen Gewebsteilen und Bakterien besteht.

Außer den beiden genanten Typen treten jedoch auch noch andere Entzündungs- und Eitererreger auf, so z. B. gelegentlich bei Phlegmonen und Abszessen der sonst bei Bronchitiden und Lungenentzündung vorkommende **Friedländerbazillus, Bacillus pneumoniae Friedländer.**

Und nicht nur parasitische, sondern auch saprophytische oder wenigstens sonst harmlose Keime sind manchmal an eitrigen Vorgängen in der Haut beteiligt, so der Bacillus pyocyaneus, unter dessen Einfluß der Eiter grünlichblaue Färbung annimmt (er pflegt auch bei Mittelohrentzündungen oft eine Rolle zu spielen), sowie der Proteusbazillus, der in Gemeinschaft mit den eitererregenden Kokken bei faulig-jauchigen Phlegmonen erscheint.

Wir wollen uns jedoch hier nicht weiter in weniger wichtige Einzelheiten verlieren, sondern nur noch darauf hinweisen, daß die Hauptentzündungs- und -eitererreger, Staphylokokken und Streptokokken, und ihre Gifte auch die häufigste Ursache der sogenannten

Sepsis, Blutvergiftung,

sind, sofern diese von infizierten Wunden ausgeht.

Damit kommen wir nun gleich zu einer anderen, auch von Hautwunden (selten auch von Schleimhautverletzungen) ausgehenden Infektion, die zwar sonst keine Hauterscheinungen macht, aber eben ihrer Entstehungsursache halber hier besprochen sein mag, und das ist der berüchtigte

Wundstarrkrampf, Tetanus traumaticus. Der Tetanusbazillus, 1885 von N i c o l a i e r in Gartenerde entdeckt, ist ein schlankes, mit feinen seitenständigen Geißelfädchen versehenes, bewegliches Stäbchen, daß am Kopf eine Spore trägt. Letztere sind auf der Abb. 40 sichtbar; erstere ihrer Feinheit wegen nicht.

Der Wundstarrkrampfbazillus gehört zu den Anaerobiern, d. h. er wächst und gedeiht am besten unter Luftabschluß. Der Umstand, daß seine Dauerformen, die Sporen, nach deren voller Entwicklung das Bakterium selbst zerfällt, außerordentlich widerstandsfähig und lebenszähe sind, und daß andererseits der aus

ihnen unter geeigneten Bedingungen (z. B. bei der Infektion menschlichen Wundgewebes) sich wieder entwickelnde Bazillus ein äußerst starkes Nervengift bildet, macht uns den Starrkrampfbazillus zu einem mit
Recht gefürchteten Feind.

Die Sporen des Tetanusbazillus bleiben in Gartenerde, in tierischen Exkrementen, in Staub, Schmutz
usw. jahrelang lebensfähig, und darum kann jede
Haut- oder Schleimhautverletzung, die mit solchen
Stoffen in Berührung kommt, durch Starrkrampf-
sporen infiziert und zum Nährboden für die Entwicklung der Starrkrampfbazillen und ihres ungemein gefährlichen Giftes werden.

Abb. 40.
Wundstarrkrampf-
(Tetanus-) Bazillen,
zum Teil mit endständigen
Sporen (keulenförmige
Verdickungen)

Das kann, um ein alltägliches Beispiel zu nennen,
schon bei der Gartenarbeit oder bei der Pflege der
Zimmerpflanzen geschehen, wenn man sich dabei etwa
an einem Dorn verletzt. Der vorsichtige Arzt, der eine
Wunde zu behandeln hat, bei welcher die Möglichkeit
einer Tetanusinfektion gegeben ist (z. B. eine Verletzung durch Sturz vom Fahrrad in den Straßenstaub,
Motorrad-, Autounfälle usw.), wird das verletzte Gewebe erst gründlich mit Wasserstoffsuperoxyd behandeln (den dabei sich in Mengen entwickelnden Sauerstoff vertragen die Keime schlecht), mit Jodtinktur
auspinseln, die Wundränder vielleicht ausschneiden,
die Wunde nicht mit einem Verband verdecken, sondern möglichst der Luft zugänglich erhalten und vor
allem dem Verletzten eine Spritze mit 3000 A. E. (Anti-
toxischen Einheiten) Tetanusantitoxin geben.

Sonst nämlich kann unter Umständen folgendes geschehen: Vielleicht nach 8 Tagen, vielleicht nach 14 Tagen oder drei Wochen, möglicherweise aber auch erst nach zwei Monaten (die Wunde kann inzwischen längst verheilt sein) tritt infolge der lähmenden Wirkung des Tetanusgiftes auf die motorischen Nerven eine Muskelstarre ein, die meist zunächst die Gesichts- und Nackenmuskultaur befällt und dann auf die Bauch- und Rückenmuskulatur übergeht, während die Gliedmaßen (die Beine vom Knie abwärts) meist frei bleiben.

Der Krampf der Gesichts- und Kopfmuskulatur hat zur Folge, daß die Mundwinkel nach unten gezogen sind, der Mund bis auf einen kleinen, nicht zu erweiternden Spalt geschlossen und der ganze Kopf etwas nach rückwärts gekrümmt ist.

Da gleichzeitig das Rückgrat eingezogen ist, liegt der Körper des Kranken brückenartig im Bett, so daß man zwischen dem hohlen Kreuz und der Unterlage hindurchfahren kann.

Dieser Zustand, der von heftigen Schmerzen in den befallenen Muskeln begleitet ist, wird von zeitweise auftretenden, besonders schmerzhaften Krämpfen unterbrochen, und bei all diesen Vorgängen und Qualen sind Bewußtsein und Empfindung in vollem Umfang erhalten.

Verlauf und Ausgang der Krankheit sind verschieden je nach der Inkubationszeit: ist diese kürzer als 10 Tage, so muß man mit einer großen Virulenz der Erreger und demzufolge mit etwa 95 Prozent Todesfällen rechnen; bei Fällen, in denen die Inkubationszeit länger dauert, ist die Prognose günstiger.

Immerhin steht auch in dem B e h r i n g schen Tetanusheilserum ein wertvolles Mittel zur Heilbehandlung des Wundstarrkrampfs (täglich 50 000—100 000 A. E. (Antitoxische Einheiten) intramusculär oder intravenös zur Verfügung. —

In mancher Hinsicht erinnert uns an die vorbesprochene Krankheit die nun zu behandelnde, die

Wutkrankheit, Lyssa, Rabies, die durch den Biß tollwutkranker Tiere, insbesondere Hunde, auf den Menschen übertragen wird.

Der Erreger ist noch nicht entdeckt; er dürfte zu den Viren gehören. Die Inkubationszeit beträgt im allmeinen ein bis zwei Monate. Das Virus wandert nicht auf dem Blut- oder Lymphwege, sondern den Nervenbahnen entlang zum Rückenmark und Gehirn.

Als Prodromalerscheinungen (Vorläufer) treten auf Mattigkeit, Kopfschmerz, Appetitlosigkeit, Unruhe, Schlaflosigkeit. Daran schließt sich alsbald eine unüberwindliche Scheu gegen die Aufnahme von Flüssigkeiten und im weiteren Verlauf treten (indem die vielleicht längst verheilte Wunde plötzlich wieder zu schmerzen beginnt und die Lymphdrüsen anschwellen) böse Schlingkrämpfe ein, die sich schon beim bloßen Anblick von Flüssigkeiten erheblich verschlimmern; daran schließen sich furchtbare Krämpfe der Atemmuskulatur und solche der Muskeln des Rumpfes und der Gliedmaßen sowie förmliche Tobsuchtsanfälle. Unter solchen Erscheinungen tritt meist nach zwei bis drei Tagen ein ungemein qualvoller Tod ein.

Menschen, die in ihre Hunde geradezu vernarrt sind und die behördliche Anwendung von Zwangsmaßnahmen (Hundesperre, Maulkorbzwang) beim Auftreten eines Tollwutfalles so gern als Tyrannei bezeichnen, werden vielleicht aus dieser kurzen Schilderung des Verlaufs der Wutkrankheit beim Menschen lernen, etwas mehr Einsicht für diese dringend notwendigen Maßnahmen aufzubringen.

Nur eine frühzeitig genug vorgenommene Impfung nach dem Pasteurschen Verfahren am Berliner Institut für Infektionskrankheiten oder an der Tollwutabteilung des Hygienischen Instituts einer Universität vermag Rettung vor diesen Folgen des Bisses eines tollwutkranken Hundes zu bringen.

Die Pasteursche Impfung beruht auf folgenden von P a s t e u r ermittelten Tatsachen: Durch Eintrocknenlassen verliert das Rückenmark gestorbener tollwutkranker Tiere nach und nach seine Giftigkeit immer mehr.

Man nimmt nun zunächst ein Stückchen getrocknetes Rückenmark, das bereits gar keine Giftwirkungen mehr zeigt, verreibt es in sterilisierter Bouillon und spritzt diese Aufschwemmung einem Hunde ein.

Darauf verfährt man in gleicher Weise bei demselben Hunde mit einem Stückchen Rückenmark, das noch nicht so lange getrocknet ist und also noch einige Giftwirkung besitzt.

So geht man allmählich weiter vor, indem man jedesmal ein Stückchen kürzer getrocknetes — also noch giftigeres — Rückenmark als zuvor benutzt. Auf diese Weise bildet sich in dem Körper des Tieres immer mehr Gegengift gegen das Tollwutvirus; der Hund wird immun gegen das Tollwutgift, und das antitoxinreiche Serum des Tieres wird dann zur aktiven Immunisierung des Menschen gegen das Tollwutgift benutzt. —

Eine sehr böse Wundinfektionskrankheit wollen wir hier nur kurz erwähnen, weil sie in Friedenszeiten nur selten auftritt, während der Krieg zufolge der ausgedehnten und tiefen Verwundungen, die so häufig mit der Erde des Schlachtfeldes in Berührung kommen, eine unheimliche Fülle dieser furchtbaren Wundseuche hervorgebracht hat: wir sprechen hier vom

Gasbrand oder Gasödem (Gasphlegmone, infektiöses Emphysem), dessen Erreger zu den Anaerobiern, zu den luftscheuen Bakterien, gehören, wie ja auch der Erreger des auf gleiche Weise zustandekommenden Wundstarrkrampfes.

Es handelt sich in der Hauptsache um den Bacillus oedematis maligni K o c h und den Bacillus phlegmonis emphysematosae F r a e n k e l, die namentlich im Erdboden, im Straßenschmutz, in Dünger usw. vorkommen und, oft gemeinsam mit Fäulniserregern in Verwundungen eindringend, das mehr oder weniger schwere und mannigfaltige Bild des Gasödems verursachen: Gasbrodeln und -knistern in der Wunde, Gasabszeß, Schwellung durch Gasbildung (Ödem), Hautverfärbungen. Muskelveränderungen, Gangrän (Brand), Thrombose u. a.: der häufigste Ausgang ist der **Tod.**

Wir kommen nun zu denjenigen infektiösen Erkrankungen, die in der Haut die Erscheinung von sogenannten „Granulomen", von wuchernden Geschwülsten, verursachen, und haben da an erster Stelle zu nennen die chronische

Hauttuberkulose, Lupus vulgaris, verursacht durch die gleiche Bakterienart, die auch die Tuberkulose innerer Organe (Kehlkopf, Lunge, Darm usw.) hervorruft, durch den Tuberkelbazillus (TB), 1881 von Robert K o c h als schlankes, kleines, häufig etwas gekrümmtes, mitunter auch verzweigtes oder in strahlenförmiger Anordnung auftretendes Stäbchen entdeckt, das infolge der Wachshülle, mit der es umgeben ist, säurefest ist und sich nur schwer färben läßt. Man unterscheidet verschiedene Arten des Tuberkelbazillus, auf die wir aber hier nicht weiter einzugehen brauchen.

Abb. 41.

Tuberkelbazillen

Die Abb. 41 zeigt uns den Tuberkelbazillus in der Form, in welcher er am häufigsten auftritt.

Die Tuberkelbazillen sind ausgesprochene Parasiten, die sich nur im lebenden Gewebe fortpflanzen können; jedoch erhalten sie sich auch auf unbelebten Stoffen monatelang lebens- und infektionsfähig, wie sie überhaupt durch eine große Widerstandsfähigkeit und Lebenszähigkeit ausgezeichnet sind.

Der Tuberkelbazillus vermag auch durch die unverletzte Haut hindurchzudringen; doch dürfte die Hauttuberkulose in den meisten Fällen dadurch entstehen, daß der Bazillus von innenher auf dem Blutwege in die Haut einwandert.

Häufigster Sitz der Hauttuberkulose ist das Gesicht; jedoch tritt Lupus auch an den Gliedmaßen, gelegentlich auch am Rumpf, auf.

Als Primärerscheinung bildet sich in der Haut das bräunlichrote Lupusfleckchen, dem sich bald weitere zugesellen, so daß sich ein Knötchen bildet, aus dem

sodann das eigentliche Lupusgeschwür mit scharf um-
rissenen Rändern entsteht. Die Lupusgeschwüre wuchern immer weiter und zerfressen die Haut auf weite
Strecken hin (daher der Name lupus = Wolf); die Hauttuberkulose im Gesicht ist ja eine allgemein bekannte,
häufig gesehene Erscheinung, die oft zu abscheulichen
Entstellungen führt.

Während früher der Lupus als unheilbar galt, ist es
heute, namentlich bei rechtzeitiger Erkennung und Behandlung, mit den Methoden der modernen Chirurgie
und Bestrahlungstherapie oft wohl möglich, gute und
dauernde Heilerfolge zu erzielen.

Obwohl für unsere Breiten und Zeiten von gering-
fügigerer Bedeutung, muß hier doch noch eine Infektionskrankheit Erwähnung finden, deren Name uns schon er-
schauern macht, nämlich der

Aussatz, Lepra, deren Erreger, der Leprabazillus, von
H a n s e n und N e i ß e r als ein säurefestes und auch
sonst den Tuberkelbazillen (siehe vorstehend) sehr
ähnliches Bakterium entdeckt worden ist.

Über die Art der Infektion herrscht noch keine Klarheit; jedenfalls sind in ganz frischen Fällen die kleinen
schlanken Leprastäbchen stets im Nasensekret der Infizierten in Massen nachzuweisen, wie überhaupt,
worauf schon im ersten Teil dieses Büchleins hingewiesen, die Infektionskraft, d. h. die Fähigeit, sich im
menschlichen Körper zu entwickeln und zu vermehren,
bei dem Leprabazillus eine außerordentlich große ist,
während seine „Toxizität", seine Giftigkeit, verhältnismäßig gering ist, so daß der Aussatz meist erst nach
langen, langen Jahren — und dann in der Regel noch
durch hinzutretende andere Infektionen — zum Tode
führt.

Auch die Übertraobarkeit des Lebrabazillus von
einem Menschen auf den anderen ist lange nicht so
groß, wie meist angenommen wird, trotz der Massen-
haftigkeit, mit der die Stäbchen in den Schleimhaut-
ausscheidungen und in den leprösen Geschwüren vorkommen und von der uns die Abb. 42 eine Vorstellung
vermitteln mag.

Offensichtlich führt nur ein langes, inniges Zusammenleben mit Aussätzigen zur Übertragung der Krankheit, und auch das durchaus nicht immer.

Gleichwohl wird die Zahl der Aussätzigen in der Welt auf etwa 2 Millionen geschätzt, die sich vorzugsweise auf Australien, Afrika, Asien, Amerika, zum Teil auch auf Norwegen, Rußland, Italien, Frankreich, Balkanländer verteilen; ein kleines Lepraheim mit etwa 20 Aussätzigen befand sich auch noch im Memelland.

Selbst Ehegatten von Leprakranken bleiben mitunter, Ärzte und Pflegepersonal fast immer gesund.

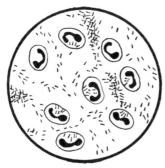

Abb. 42. Leprabazillen zum Teil im Innern von Leukozyten (Freßzellen)

Hat der Leprabazillus aber einmal festen Fuß gefaßt, so kann zwar eine Inkubationszeit von 3 bis 10 Jahren vergehen, ehe er typische Erscheinungen macht; dann aber treten, oft unter geringfügigen Allgemeinerscheinungen (Kopfschmerzen, Schnupfen, nervösen Störungen, leichtem Fieber), die schweren, teils die Haut, teils das Nervensystem betreffenden Krankheitserscheinungen auf, von denen erstere, im Gesicht beginnend, wie bekannt, zu Geschwürsbildungen, Gewebstod, Verstümmelungen, Abfallen der Glieder führen, während letztere zugleich mit ähnlichen äußeren Erscheinungen mehr oder weniger schwere Nervenstörungen und -beschwerden verursachen.

Ein zuverlässiges oder gar spezifisches Heilmittel gegen den Aussatz ist nicht bekannt. Gute Wirkungen soll, wenn frühzeitig genug und lange Zeit hindurch kurmäßig angewendet, das Öl der Samen einer indischen Pflanze, Oleum Gynocardiae, haben; auch Antimonpräparate (Stibenyl) und Thymol sollen mitunter von günstigem Einfluß auf das Leiden sein. —

Die

Pest hat für uns zum Glück fast nur noch historisches Interesse. Jeder hat schon von den Schrecken gelesen, die eine Pestepidemie, die „der schwarze Tod" etwa im Mittelalter verbreitete. So sollen in den Pestjahren 1346—1351 in Europa noch 25 Millionen Menschen dieser furchtbaren Seuche erlegen sein.

In Paris sind sogar im Jahre 1920 noch etwa 100 Pestfälle vorgekommen.

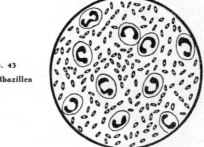

Abb. 43

Pestbazillen

Hier (Abb. 43) haben wir die Pestbazillen, wie sie von Yersin und Kitasato entdeckt worden sind, kurze, plumpe., unbewegliche, leicht färbbare und züchtbare Stäbchen, deren Endigungen die Färbung leichter annehmen als das Mittelteil (auf der Abbildung zu sehen: Polfärbung).

Die Pestbazillen werden durch Ungeziefer, und zwar vorwiegend durch eine, auf Ratten schmarotzende Flohart, von diesen und anderen Nagetieren beim Stich des Flohs auf den Menschen übertragen.

Da der Pestbazillus sehr wenig widerstandsfähig ist und keine langlebigen Dauerformen, Sporen, zu bilden vermag, muß die mitunter von Romanschriftstellern beliebte Schilderung der Übertragung der Seuche durch Orientteppiche in das Reich der Fabel bzw. der Unwissenheit verwiesen werden.

Die Pestinfektion führt nach ein- bis höchstens zehntägiger Inkubationszeit unter Kopf- und Kreuzschmerzen, Frösteln, Benommenheit, Bewußtseinsstörungen,
Erregungszuständen u. a. zu Schwellungen der lympha-
tischen Organe, zur Einschmelzung von Lymphknoten
zu eitrigem Durchbruch nach außen (Beulenpest), zu
pemphigusähnlichen Hauterscheinungen, häufig zu
Lungenentzündung (Lungenpest), die fast immer den
Tod zur Folge hat.

Bei frühzeitiger Anwendung werden mit Pestserum
oft gute Erfolge erzielt.

Abb. 44. Spirochaete pallida,
der Erreger der Syphilis,
zwischen roten Blutkörperchen

Zu den Seuchen, die, wenigstens in einem gewissen Ent-
wicklungsstadium, gleichfalls charakteristische Hauterscheinungen machen, gehört auch die heute bei uns glück-
licherweise zu den „sterbenden Krankheiten" zählende.

Syphilis oder **Lues**, verursacht durch die erst im Jahre 1905
durch S c h a u d i n n und H o f f m a n n entdeckte
Spirochaete pallida, einen Keim, der offenbar zwischen
den pflanzlichen und tierischen Kleinlebewesen steht
(„Zoobakterium") und den wir in Abb. 44 als schlan-
genartig sich windendes, oft blitzschnelle Bewegungen
und Drehungen ausführendes Mikrobion in einem
Blutbild (die runden weißen Gebilde sind rote Blutkörperchen) zeigen.

Die Infektion mit dem Syphiliserreger erfolgt ausschließlich durch Übertragung von einem lueskranken
Menschen auf einen gesunden, und zwar fast stets beim

Geschlechtsverkehr. Es tritt dann nach einer Inkubationszeit von durchschnittlich 3 Wochen am Genitale der Primäraffekt in Form einer Gewebsverhärtung, des sogenannten harten Schankers (Ulcus durum) auf, dem dann eine Schwellung der Lymphbahnen und Lymphknoten folgt (Bubonen), indem das Gift auf diesem Wege weiter in den Körper dringt.

Nach einigen Wochen stellen sich die Folgen der Verseuchung des Blutes mit dem Infektionsgift in Form von Störungen des Allgemeinbefindens (ähnlich wie bei anderen Infektionskrankheiten) und namentlich von Hautausschlägen und entzündlichen Erscheinungen an den Schleimhäuten ein.

Die Krankheit ist damit vom primären in das sekundäre Stadium getreten. Die Hautausschläge, „Syphilide", sind sehr ansteckend (die Spirochaete pflegt in ihnen in Massen enthalten zu sein); sie heilen aber ohne Narbenbildung.

Das tertiäre Stadium der Lues, das dem sekundären oft erst nach langen Jahren folgt, pflegt mit der Bildung größerer, weicher, tiefgehender Geschwülste, sogenannter gummata (Einzahl gumma) zu beginnen, die Neigung zu geschwürigem Zerfall zeigen und in den verschiedensten Körperbezirken verheerende Verwüstungen anrichten können.

Die mannigfachsten Folgeerscheinungen können sich dann noch an die Verseuchung mit dem Syphilisgift anschließen; wir nennen hier nur die Rückenmarksschwindsucht, Tabes dorsalis, und die fortschreitende mit Verblödung einhergehende Gehirnerweichung (progressive Paralyse).

Das Bild der Syphilis und ihrer Folgekrankheiten ist jedoch ein so vielgestaltiges, daß wir uns hier mit diesen kurzen Angaben begnügen müssen.

Der Nachweis des Luesgiftes im Blut erfolgt bekanntlich mittelst der Reaktion nach W a s s e r • m a n n , auf die hier weiter einzugehen, den Rahmen dieses Büchleins überschreiten würde.

Die Behandlung der Lues wurde bisher vorwiegend mit Quecksilber-, Jod-, Wismut- und Arsenverbindungen vorgenommen, unter welch letzteren das Salvarsan mit seinen verschiedenen Abkömmlingen zu dem eigentlichen Bezwinger der Seuche geworden ist.

Besonders interessant ist noch die seit 1917 von dem Wiener Neurologen W a g n e r v o n J a u r e g g eingeführte Behandlung der Syphilis durch Impfen mit Malariaerregern, die oft erstaunliche Erfolge erzielt.

In neuester Zeit hat man mit Penicillin-Präparaten ganz ausgezeichnete Erfolge erzielt. Auch Spätformen von Lues sprachen recht gut auf Penicillinbehandlung an. Allerdings bedarf diese Behandlung ausgedehnter Beobachtung, da diese Spätformen des Lues oft erst nach Jahrzehnten auftreten.

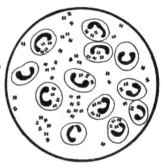

Abb. 45. Micrococcus gonorrhoeae. Neißer, der Erreger des Trippers, jeweils zu zweit in Semmelform teils zwischen, teils innerhalb von Freßzellen liegend

Im Anschluß an diese wichtigste und gefährlichste venerische Krankheit (von Venus = Göttin der Liebe), seien noch kurz zwei andere Geschlechtskrankheiten erwähnt. deren Erreger gleichfalls durch die Schleimhäute der Genitalien beim Geschlechtsverkehr eindringen:

Weicher Schanker, Ulcus molle, durch ein Streptobakterium verursachte Geschwürsbildung an den äußeren Genitalien, gutartig, nie zu Allgemeinverseuchung führend, nach einiger Zeit bei geeigneter Behandlung unter Narbenbildung verheilend; Lymphdrüsenschwellungen können auch hier auftreten.

Tripper, Gonorrhoe, eitrige Entzündung der Harnröhrenschleimhaut, ausschließlich beim Geschlechtsverkehr durch den Gonokokkus, Micrococcos gonorrhoeae (N e i ß e r), verursacht, einen Diplokokkus (d. h. paar-

weise auftretenden Kokkus), der kaffeebohnen- bzw
semmelförmig unter dem Mikroskop im Trippereiter
(Färbung mit Methylenblau) erscheint (s. Abb. 45).

Außer dem eitrigen Ausfluß aus der Harnröhre, der
nach einer Inkubationszeit von 2—8 Tagen auftritt,
kann die Infektion mit dem Gonokokkus zu Entzündungen benachbarter Geschlechtsorgane (Hoden, Ne-
benhoden, Vorsteherdrüse, Gebärmutterhals usw.)
führen, und weiterhin können die Gonokokken in die
Blutbahn übergehen, Gelenkentzündungen („Tripper-
gicht") und sogar Herzklappenentzündungen hervorrufen.

Die örtliche Behandlung des Trippers erfolgt vorwiegend mittelst Silberverbindungen; daneben werden
innere, auf die Harnwege antiseptisch einwirkende
Substanzen angewendet.

Diese Mittel werden neuerdings durch chemotherapeutische Mittel, wie z. B. Sulfonamiden (Cibazol, Ebu-
drom usw.) verdrängt. In sulfonamidresistenten Fällen führt meist eine Kombinationstherapie von Sulfonamiden und Penicillin zur endgültigen Heilung.

2. Von den Schleimhäuten ausgehende Infektions-
krankheiten und ihre Erreger

a) Von den Schleimhäuten der Luftwege
ausgehende Infektionskrankheiten

Haben wir es bei den letzten und auch schon bei einigen
weiter vorn beschriebenen Infektionskrankheiten mit Er-
regern zu tun, welche vorwiegend oder ausschließlich die
Schleimhäute
und nicht die äußere Haut bzw. Verletzungen dieser als
Eingangspforte in den Organismus benutzen, so wollen
wir jetzt etwas Ordnung in diese Dinge bringen und die
weitere Besprechung derjenigen Erreger, welche durch
Schleimhäute eindringen, da fortsetzen, wo diese Art der
Infektion am häufigsten erfolgt, und das ist in den Schleimhäuten der Luftwege.

Da haben wir zunächst noch einmal kurz des S c h n u p -
f e n s zu gedenken, der, wie früher bereits ausgeführt
durch ein Virus verursacht werden dürfte und wohl die
allerhäufigste Infektionskrankheit ist.

Nächst dem Schnupfen sind die häufigsten infektiösen Erkrankungen der Schleimhäute der Eingangspforten des Körpers der

Rachenkatarrh, Angina, in seinen verschiedenen Formen und die mit ihm häufig verbundene

Mandelentzündung, Tonsillitis. Diese Krankheiten werden jedoch nicht durch einen spezifischen Erreger, sondern durch verschiedenartige Bakterien hervorgerufen, wie Staphylokokken, Streptokokken, Pneumokokken, gewisse Spirochaetenarten (die immer im Munde vorkommen, aber nicht etwa mit der Spirochaete pallida, dem Syphiliserreger, identisch sind), sowie den sogenannten Bacillus fusiformis, der namentlich bei der schweren Plaut-Vincentschen Angina auftritt.

Man muß sich immer vor Augen halten, daß die Mandeln die Aufgabe haben, durch Produktion von Lymphozyten in den Rachenraum eindringende Schädlichkeiten, darunter im besonderen eben Keime, zurückzuhalten und zu vernichten. Jede Mandelentzündung stellt einen Zustand erhöhter Lymphozytenproduktion und eines erbitterten Kampfes zwischen den Freßzellen und den andringenden Krankheitserregern dar.

Bedeutungsvoll werden die Mandelentzündungen, abgesehen von den örtlichen Erscheinungen und Beschwerden, dadurch, daß die Keime oft den Wall der Freßzellen durchbrechen und durch die Mandeln in die Blutbahn gelangen.

So können sich an Mandelentzündungen z. B. Gelenkrheumatismus, Nierenentzündungen, Herzinnenhautentzündungen, Blinddarm-, Brustfellentzündungen u. a. als Folge einer solchen Streptokokkeninvasion (um eine derartige handelt es sich meist), anschließen

Hier ist nun weiterhin einer wichtigen, durch einen spezifischen Erreger hervorgerufenen Erkrankung der Rachenorgane bzw. oberen Luftwege zu gedenken, nämlich der

Diphtherie, deren Erreger 1884 von L ö f f l e r entdeckt wurde. Der Diphtheriebazillus ist von mehr oder weniger unregelmäßiger Gestalt (teils keulen-, teils keil-, teils hantelförmig, mitunter gekrümmt, ja sogar geweihartig verzweigt).

Die Keime erscheinen auch oft in merkwürdiger Lagerung zueinander, z. B. pallisadenartig nebeneinander liegend; und was ihre Färbbarkeit betrifft, so nehmen sie bei nicht zu kräftiger Farbstoffbehandlung die Farbe nur unregelmäßig an, und zwar hauptsächlich stark in ihren Endteilen (N e i ß e r sche Polkörnerfärbung), wodurch sie dann hantelförmiges Aussehen annehmen (Abb. 46).

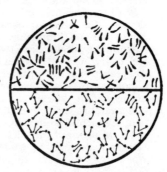

Abb. 46. Diphtheriebazillen, unten nach Neißer gefärbt (Polkörnchenfärbung)

Die Diphtheriebazillen sind besonders gefährlich durch die von ihnen gebildeten, sehr giftigen Toxine

Die Übertragung erfolgt unmittelbar (Tröpfcheninfektion!) oder mittelbar (Gebrauchsgegenstände) vom diphtheriekranken Menschen auf den Gesunden.

Es muß aber hier gleich der Tatsache gedacht werden, der wir auch sonst bei dem Infektionskrankheiten mitunter begegnen (z. B. beim Typhus), daß auch sogenannte

Dauerausscheider

als Überträger der Krankheit in Betracht kommen. Man nennt so Menschen, die noch lange Zeit nach einer überstandenen Infektion, also nach längst erfolgter Heilung und bei vollem Wohlbefinden, die betreffenden Bakterien in Massen bei sich beherbergen und sie mit den Sekreten bzw. Exkreten ihres Körpers ausscheiden und dadurch die Umgebung gefährden.

Auch Personen, die selbst nicht erkranken, können dennoch als

Bazillenträger

ein ständige Gefahr für ihre Umgebung bilden.

Die Inkubationszeit der meist Kinder befallenden Diphtherie beträgt durchschnittlich zwei bis fünf Tage Dann stellen sich Fieber, Kopfschmerzen, Schlingbeschwerden und andere Störungen des Wohlbefindens ein, und es erscheint bald der sogenannte pseudomembranöse Belag als Ausdruck der örtlichen Schädigung

Wir brauchen hierauf nicht weiter einzugehen, halten es aber für geraten, darauf hinzuweisen, daß jede namentlich im kindlichen Alter auftretende Mandelentzündung wegen der etwaigen Diphtheriegefahr sogleich ärztlicher Behandlung zugeführt werden sollte Abgesehen von den mit der örtlichen Erkrankung verbundenen Beschweren, die sich, wenn der Kehlkopf mit ergriffen, bis zu schwerer Atemnot und Erstikkungsgefahr, ja bis zum Erstickungstod steigern können, abgesehen weiterhin, daß der diphtherische Prozeß sich auch auf Mittelohr und Augenbindehaut ausdehnen kann, besteht die Hauptgefahr der Diphtherie wie bereits erwähnt, in der Giftigkeit ihrer Erreger die unter mancherlei schweren und schwersten namentlich das Herz betreffenden Erscheinungen, unter Lähmungen, Lungenentzündungen u. a. den Tod herbeiführen können.

Es ist hier nicht der Ort, das vielgestaltige Bild dieser Krankheit in allen möglichen Einzelheiten zu besprechen; dagegen ist es unsere Pflicht, des Mannes zu gedenken, der dieser früher so furchtbaren, so oft tödlichen Seuche, Schach geboten hat, des Bakteriologen E m i l v. B e h r i n g , dessen Diphtherie-Heilserum in der Bekämpfung dieser Krankheit unermeßlichen Segen gestiftet hat (s. „Die Heilmittel, — woher sie kommen, — was sie sind, — wie sie wirken" von Dr. Ed. Strauß, Alwin Fröhlich Verlag, Hamburg). Zu den Infektionskrankheiten, deren Erreger durch die Scheimhaut der Nase und ihrer Nebenhöhlen, der Rachenorgane und oberen Luftwege in den Körper eindringen, gehört sodann die

Genickstarre, Meningitis cerebrospinalis epidemica, eine

infektiöse Entzündung der weichen Gehirn- und

Rückenmarkshäute den den Meningokokkus, einen dem Trippererreger ähnlichen Diplokokkus (zu zweit auftretenden Kokkus), dessen Übertragbarkeit keine so sehr große ist, der aber dennoch ganze Epidemien zu verursachen vermag und vor allem sehr giftig ist.

Die Haupterscheinungen sind Kopf- und Nackenschmerzen, Steifheit der Nackengegend, Fieber, Benommenheit, Bewußtseinsstörungen, Delirien.

Die Sterblichkeit infolge der Toxinwirkung des Meningokokkus kann bis zu 5 Prozent betragen.

Als wirksames Gegenmittel hat sich das Meningokokkenserum erwiesen; auch die chemotherapeutische Behandlung mit Streptomycin erzielte neuerdings ausgezeichnete Resultate.

Eine gleichfalls das Rückenmark befallende Infektionskrankheit, die in den letzten Dezennien viel von sich hat reden machen, ist die

Spinale Kinderlähmung, Poliomyelitis acuta, als deren Erreger ein winziger, filtrierbarer Kokkus angesehen wird, den erstmals F l e x n e r und N o g u c h i 1913 durch Züchtung nachzuweisen vermochten und der seinen Eingang in den Körper durch die Schleimhäute der oberen Luftwege nimmt, durch die er auch wieder ausgeschieden und auf dem Wege der sogenannten „Tröpfcheninfektion" von Kranken oder auch gesund bleibenden Keimträgern auf andere Personen übertragen wird. Nach fünf bis zehntägiger Inkubationszeit treten dann hohes Fieber, Magen-Darm-Störungen (Erbrechen, Durchfälle), Kopfschmerzen, Benommenheit, Kreuz- und Gliederschmerzen, oft auch katarrhalische Zustände der Rachen- und Atmungsschleimhaut auf.

Alsbald befällt dann das Infektionsgift auf dem Wege über die Rückenmarks- und Hirnhäute das Zentralnervensystem unter Nacken- und Gliederschmerzen, Überempfindlichkeit der Haut, zunehmender Steifheit, auch Zuckungen, Bewußtlosigkeit, Krampfanfällen u. a.; und es entstehen dann mehr oder weniger ausgedehnte Lähmungen an Rumpf und Gliedern, die sich zurückbilden können; meist bleiben jedoch Lähmungszustände zurück, die bei im Wachs-

Bakterien.

tum begriffenen Kindern Entwicklungshemmungen, Gliederverkürzungen usw. zur Folge haben können.

Die Sterblichkeit dürfte durchschnittlich etwa 15 Prozent betragen (Lähmung der Atmungsmuskulatur durch das Infektionsgift).

Grippe—Influenza. Als ihr Erreger wurde bisher der von P f e i f f e r entdeckte, winzige Influenzabazillus angesehen, den wir in Abb. 47 zeigen.

Auf Grund neuerer Forschungsergebnisse darf jedoch angenommen werden, daß ein filtrierbares, invisibles Virus, ein Aphanozoon, als Erreger der Seuche zumindest m i t beteiligt, wenn nicht sogar die Hauptursache ist. Siehe auch S. 25.

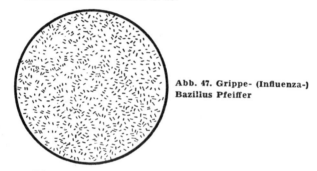

Abb. 47. Grippe- (Influenza-) Bazilius Pfeiffer

Eingangspforte der Grippeerreger sind die Luftwege; auch hier spielt die „Tröpfcheninfektion" eine große Rolle.

In der Regel sind es ja bekanntlich auch die Atmungsorgane, in denen die ersten und hauptsächlichsten Krankheitserscheinungen (Schnupfen, Heiserkeit, Husten) auftreten, nachdem sich der Ausbruch der Krankheit durch Mattigkeit, Kopfschmerzen, Fröste, Fieber, Rückenschmerzen u. a. angekündigt hat.

Auch im weiteren Verlauf der Grippe kann die Schädigung der Atmungsorgane durchaus im Mittelpunkt der Erkrankung stehen (Bronchitis, Lungenentzündung); in anderen Fällen dagegen wieder liegt das Schwergewicht der Gesundheitsstörungen von vornherein im Verdauungskanal (Magenstörungen, Erbrechen, Leibschmerzen, Durchfälle usw.), während wiederum eine andere Verlaufsart der Seuche mehr durch rheumatische Beschwerden gekennzeichnet ist.

Die Grippe ist bekanntlich außerordentlich leicht übertragbar und außerdem entwickelt ihr Erreger auch einen hohen Grad von Giftigkeit, der in den oft so schweren Störungen des Allgemeinbefindens, dem langsamen Verlauf der Genesung und den mancherlei Nach- und Folgekrankheiten seinen Ausdruck findet. Die im Handel befindlichen Grippesera können noch nicht als vollwertige Spezifika gegen die Seuche bezeichnet werden.

Die Schädigungen der Atmungsorgane, wie sie bei der Grippe aufzutreten pflegen, sind nicht allein durch den Pfeifferbazillus oder das vermutliche Aphanozoon bedingt, sondern dadurch daß andere Bakterienarten die Grippeerreger gewissermaßen als Wegbereiter benutzen, um sich in der Atmungsschleimhaut festzusetzen. Hierzu gehören in der Hauptsache die gewöhnlichen Entzündungs- und Eitererreger. Strentokokken, die auch bei den gewöhnlichen entzündlich-katarrhalischen Vorgängen in den Atmungsorganen, wie sie zufolge von Erkältungen auftreten, insbesondere L u f t r ö h r e n k a t a r r h, T r a c h e i t i s, und B r o n c h i a l k a t a r r h, B r o n c h i t i s, eine gewisse Rolle spielen und im Verlauf schwerer Bronchitiden, wie auch eben bei der Grippe, zur Entstehung derjenigen Form von L u n g e n e n t z ü n d u n g führen können, die man (wegen der Mitbeteiligung der Bronchien bzw. weil sie von dort ausgeht) als B r o n c h i a l p n e u m o n i e bezeichnet.

Dieser wenig einheitlichen Form einer entzündlichen Erkrankung der Lungenläppchen, lobuli, die als Folgeerscheinung im Anschluß an andere Krankheiten (Masern, Scharlach, Keuchhusten, Diphtherie, Grippe, schwere Bronchitis usw.) auftritt, steht gegenüber das scharf umrissene charakteristische Krankheitsbild der durch einen spezifischen Erreger (allerdings auch in Verbindung mit anderen Keimen) hervorgerufenen

Krupösen Lungenentzündung, wie sie infolge von Erkältung, Überanstrengung usw. als selbständige Krankheit — oft endemisch, also mit einer gewissen Übertragbarkeit des Erregers, auftretend — recht häufig ist

Als Erreger dieser kruppösen Pneumonie ist der Pneumokokkus anzusprechen, ein Diplokokkus (meist zu zweit auftretender Kokkus) von kerzenflammenähnlicher Gestalt (s. Abb. 48/49), deren je zwei, mit der Basis einander zugekehrt, meist von einer feinen Kapsel umgeben sind.

Einerseits können, wie gesagt, sowohl auch andere Bakterien an der Entstehung der kruppösen Pneumonie mitbeteiligt sein, wie z. B. Streptokokken oder der

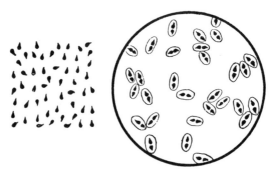

Abb. 48/49. Der „kerzenflammenförmig" gestaltete Erreger der **Lungenentzündung, Pneumokokkus; im Kreis rechts zu zweit auftretend (Diplokokken), von feinen Kapseln umgeben**

sogenannte Friedländerbazillus, andererseits können die eigentlichen Erreger der kruppösen Lungenentzündung, eben die Pneumokokken, auch in zahlreichen anderen Organen Erkrankungen hervorrufen bzw. an solchen beteiligt sein, so z. B. Brustfellentzündung, Bauchfellentzündung, Mittelohrentzündung, Genickstarre; die Pneumokokken finden sich häufig in der Mundhöhle Gesunder vor.

Die kruppöse Lungenentzündung, die mit weitgehenden Lungenveränderungen und -schädigungen durch den Pneumokokkus verbunden ist, auf die wir hier aber nicht näher eingehen können, beginnt meist plötzlich mit starkem Schüttelfrost, Kopfschmerzen, Erbrechen, Appetitlosigkeit, Mattigkeit, schwerem Krankheitsgefühl, Seitenstechen, Brustbeschwerden, Atemnot, Fieber. Dazu tritt dann schmerzhafter, quälender Husten mit zähem, rostfarbenem Auswurf.

Nach 5, 7, 9 Tagen pflegt die Krisis und in den meisten Fällen allmählige Genesung einzutreten. es sei denn, daß Atmung oder Herztätigkeit unter dem Einfluß der Bakterientoxine versagen oder Komplikationen hinzutreten, die den Tod zur Folge haben.

Kurz müssen wir an dieser Stelle noch einer weiteren infektiösen Erkrankung des Atmungsapparates gedenken die meist im Kindesalter auftritt und durch einen noch unbekannten, vermutlich zu den „Aphanozoen" gehörigen Erreger hervorgerufen wird:

Keuchhusten, Pertussis, der namentlich durch die krampfhaft auftretenden Hustenanfälle während des sogenannten Stadium convulsivum die kleinen Patienten oft recht stark mitnimmt und auch durch seine lange Dauer recht lästig wird. Im übrigen schafft der Keuchhusten leider auch sehr oft die Voraussetzungen für die Entstehung anderer Krankheiten, wie Masern Grippe, Diphtherie, chronische Bronchitis. Bronchopneumonie (Lungenentzündung), Lungenblähung und vor allem auch für die weitaus wichtigste und schwerste Erkrankung der Atmungsorgane, auf die wir nun zu sprechen kommen, die

Tuberkulose, die bekanntlich auch sehr viele andere Organe des Körpers ergreifen kann (von der Hauttuberkulose, Lupus, wurde ja schon gesprochen) und die Luftwege entweder in Form der

Kehlkopftuberkulose oder der **Lungentuberkulose**
  Phthisis laryngis   **Phthisis pulmonum**

befällt, von denen allerdings erstere fast immer mit einer Tuberkulose anderer Organe, insbesondere der Lungen, verbunden ist.

Es genügt, wenn wir uns hier etwas näher mit der Lungentuberkulose beschäftigen, hinsichtlich deren Erregers. des Tuberkelbazillus, TB, wir auf die unter „Hauttuberkulose, Lupus" gemachten Ausführungen verweisen können.

Sektionsbefunde haben ergeben, daß fast jeder Mensch in seinem Leben einmal von einer vielleicht unbemerkt verlaufenen und wieder ausgeheilten Lungentuberkulose befallen wird, — kein Wunder bei der enormen Verbreitung des gegen äußere Einflüsse sehr widerstandsfähigen Tuberkelbazillus, dessen Übertragung von Mensch zu Mensch vorwiegend auf dem Wege der sogenannten „Tröpfcheninfektion" (Anniesen, Anhusten) zustande kommt.

Es kann hier nicht der Ort sein, die Erscheinungen und den Verlauf der Tuberkulose im einzelnen zu beschreiben; was uns interessiert, ist vielmehr die Art der Schädigung, die der Tuberkelbazillus in der Lunge (wie übrigens auch in anderen Organen) verursacht.

Das Eindringen des TB in ein Gewebe führt zur Bildung sogenannter Infektionsgeschwülste (wie sie z. B. auch bei Syphilis und Lepra auftreten); die Gewebszellen, besonders die Bindegewebszellen, wuchern; es bilden sich aus ihnen sogenannte Riesenzellen, um welche herum sich Rundzellen, Leukozyten und Lymphozyten, gruppieren, und dieses ganze „Granulations"-Gebilde, das man wohl mit Recht als das Ergebnis einer Abwehrreaktion des Gewebes auf den Angriff der TB auffassen darf, wird von feinen Bindegewebsfasern durchzogen.

Diese ganze Organisation ergibt das Knötchen, das man als „Tuberkel" bezeichnet und von dem wir zahlreiche Exemplare in einer tuberkulösen Lunge in Abb. 50/51 dargestellt sehen, während rechts in der gleichen Abbildung die Organisation des Tuberkelknötchens schematisch und in riesiger Vergrößerung darzustellen versucht ist.

Solche Knötchen lagern sich zusammen, verschmelzen miteinander und bilden dann größere Knoten, die schließlich unter dem Einfluß der Bakteriengifte mehr und mehr zerfallen, „verkäsen", Geschwüre bilden (Abb. 52), wobei das Lungengewebe nach und nach auf weite Strecken zerstört wird und sogenannte Kavernen (Hohlräume) entstehen, wie solche in Abb. 52 gleichfalls zu sehen sind.

Anstatt daß das Gift der Tuberkelbazillen das Lungengewebe in dieser Weise mehr und mehr zerstört, können natürlich auch die Schutz- und Abwehrkräfte des Körpers, insbesondere die Elemente des Bindegewebes, über die Bakterien einen vorübergehenden oder bleibenden Sieg davontragen, indem die Erreger eingekapselt werden und das verkäste Gewebe der Schrumpfung und Verkreidung, Kalkeinlagerung anheimfällt.

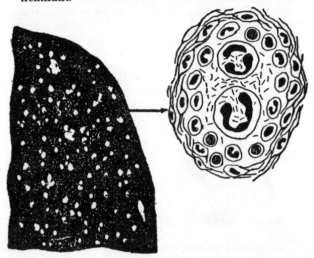

Abb. 50/51. Links: Stück einer Lunge mit zahlreichen Tuberkelknötchen. Rechts Schnitt durch ein solches, schematisch, stark vergrößert. In der Mitte: Zwei Riesenzellen; in ihnen und um sie herum zahlreiche Tuberkelbazillen (feine schwarze Striche); in wallartiger Ausdehnung Leukozyten und Lymphozyten; dazwischen Bindegewebsbildung, namentlich am Rande, von den Zellen ausgehend

Diesen Vernarbungs- und Heilungsprozeß sucht man durch Darreichung von Kalk- und Kieselsäurepräparaten (z. B. Silphoscalin) zu unterstützen, wie derartige Mittel ja überhaupt geeignet sind, die antiinfektiösen Kräfte des Körpers zu steigern. Diesem Zweck dienen auch die auf Verbesserung der Ernährung gerichteten Maßnahmen zur Bekämpfung der Tuberkulose, während man im übrigen namentlich die Sonne als direkten Heilfaktor heranzieht (Wirkung der Ultraviolettstrahlen).

Eine spezifische Behandlung der Tuberkulose steht dem Arzt in Form der Tuberkulinpräparate zur Verfügung, die auch zur Diagnose der Tuberkulose benutzt werden können, indem sie, in die Haut eingerieben oder geimpft (kutane Tuberkulinprobe nach P i r q u e t), gewisse Haut- und andere Reaktionen (Fieber usw.) hervorrufen, wenn die betreffende Person an einer tuberkulösen Infektion leidet.

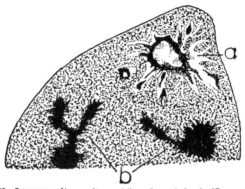

Abb. 52. Lungenspitze mit verkäsendem tuberkulösem Herd (a) und Kavernen (b)

Tuberkuline sind nach dem Vorbild von R o b e r t K o c h hergestellte Auszüge aus Tuberkelbazillen, in verschiedener Weise gewonnen, die als Antigene zur aktiven Immunisierung gegen die Toxine der Tuberkelbazillen benutzt werden.

Leider hat die Chemotherapie bei Tuberkulose noch keine sichtbaren Erfolge erzielt.

b) Von den Schleimhäuten der Verdauungsorgane ausgehende Infektionskrankheiten

Wir kommen nun zur Besprechung derjenigen Infektionskrankheiten, deren Erreger die Schleimhäute des Verdauungskanals befallen, und haben an dieser Stelle zuvörderst zu nennen die

Ruhr, Dysenterie, eine bei uns häufig, namentlich im Spätsommer und Herbst, vereinzelt, endemisch (auf gewisse Gegenden beschränkt), oder epidemisch (weitverbreitet) auftretende Erkrankung der Schleimhaut des Darms, und zwar vorzugsweise des Dickdarms, die, im Gegensatz zu der in südlichen, tropischen und subtropischen Ländern vorkommenden, durch Amöben (zu den Urtierchen, Protozoen, gehörige Erreger) hervorgerufenen Amöbenruhr, durch Bazillen verursacht und daher zur Unterscheidung von jener auch Bazillenruhr genannt wird.

Und zwar handelt es sich bei unserer einheimischen Ruhr um mehrere Erreger, unter denen der Bacillus dysentericus S h i g a — K r u s e der wichtigste ist; an weiteren Keimen seien noch genannt der F l e x n e r - Bazillus, die S t r o n g - Bazillen und die Y-Bazillen (nach H i ß und R u s s e l).

Die Ruhrbazillen scheiden ein lösliches Gift aus, und diese „Toxin"wirkung macht es, daß neben den durch die örtliche Infektion bedingten Erscheinen (Koliken, Durchfälle mit schleimigen, eitrigen, blutigen Stühlen, Darmgeschwüren) auch mehr oder weniger schwere Allgemeinstörungen auftreten, wie Mattigkeit, Schwäche, Fieber, verfallenes Aussehen bei tiefliegendn Augen, verminderte Herzkraft, kleiner Puls, kühle, spröde Haut, heisere Stimme, Muskelschmerzen, Abmagerung usw. Unter Umständen kann mit zunehmender Schwäche der Tod eintreten; jedoch verläuft bei weitem die Mehrzahl aller Ruhrerkrankungen günstig, indem nach zwei bis drei Wochen Genesung zu erfolgen pflegt. Allerdings sind Rückfälle häufig.

Die Übertragung der Ruhrerreger erfolgt von Mensch zu Mensch durch „Kontaktinfektion" sowie sicherlich oft durch Vermittlung des Stuhlgangs Ruhrkranker (Nachtgeschirre, Wäsche usw.); übrigens ist zu bemerken, daß es auch Personen gibt, die Ruhrbazillen beherbergen ohne selbst krank zu werden, aber als „Bazillenträger" andere anstecken können.

Eine „spezifische" Behandlung der Ruhr mit dem Dysenterie-Heilserum hat sich noch nicht durchsetzen können: in den meisten Fällen würde eine solche bei dem meist gutartigen Verlauf dieser Erkrankung wohl

auch entbehrlich sein, wenn sie wirklich verläßlichere
Erfolge zeitigte, als bisher erwiesen.

Nur kurz mag hier darauf hingewiesen sein, daß selbstverständlich auch bei dem häufigen

Magen-Darm-Katarrh, Gastroenteritis, der mit Appetitlosigkeit, Durchfällen, Koliken usw. einherzugehen
pflegt, Erreger aus dem Reich der Mikroben, insbesondere Streptokokken sowie Bakterien der Paratyphusgruppe, auf die wir gleich zu sprechen kommen werden, mit am Werk sind; und das gleiche gilt für die
namentlich bei Kindern so häufige Sommererkrankung, den

Brechdurchfall, Cholera nostras, bei dem sich Streptokokken, Gärtner- und Paratyphusbazillen vorzufinden
pflegen. Da es sich jedoch hier nicht um „spezifische"
Erreger und durch solche verursachte Erkrankungen
handelt, können wir uns nun der Besprechung der

Paratyphus-Erkrankungen zuwenden. Die Paratyphusbazillen sind insofern interessant und bedeutungsvoll,
als sie einerseits den Kolibazillen ähneln, die ja bekanntlich normale Darmbewohner sind (wenn sie auch
unter Umständen zu Schädlingen werden können), und
andererseits große Übereinstimmung mit den Typhusbazillen zeigen.

Übrigens hat man unter den Paratyphusbazillen
nicht weniger als fünf Arten, A, B, C, D, E, unterschieden; Bedeutung für die Paratyphuserkrankungen
in unseren Breiten hat hauptsächlich der Paratyphusbazillus B.

Die Paratyphusbazillen sind, wie die Koli- und
Typhusbazillen, mittelgroße, bewegliche, nicht sporenbildende Stäbchen, die auf allen Nährböden mit oder
ohne Sauerstoff wachsen, Gelatine nicht verflüssigen,
aber Traubenzucker wie die Kolibazillen unter Bildung
von Gas und Säure zersetzen, dagegen wie die Typhusbazillen Milchzucker nicht angreifen und kein Indol
bilden. Wie die Typhusbazillen, so tragen auch die
Paratyphusbazillen Geißeln. Das wichtigste Unterscheidungsmerkmal in bezug auf Typhusbazillen ist,
daß das Blutserum von Personen, die an Paratyphus A

oder B erkrankt sind, die Paratyphusbazillen A und B stark agglutiniert, die Typhusbazillen jedoch nicht.

Auf diesem Wege wird bei vorliegenden Infektionen der Nachweis geführt, ob es sich um echte Typhus- oder um Paratyhusbazillen handelt.

Die Paratyphusbazillen sind oft, ebenso wie der Bacillus proteus und der Bacillus botulinus, die Erreger von Fleischvergiftungen.

Sie dürften überhaupt vorwiegend auf dem Wege über Fleischwaren wie auch gelegentlich durch andere Nahrungsmittel übertragen werden, wobei zweifellos der Fliege eine wichtige Rolle als Vermittlerin gebührt.

Die Krankheitserscheinungen können sowohl durch Aufnahme der Bakterien selbst entstehen (wobei übrigens auch Kontakt- und Infektionen durch Dauerausscheider in Betracht kommen), als auch durch die Toxine der Paratyphusbazillen, denen die unangenehme Eigenschaft zukommt, hitzebeständig zu sein.

Wie der Name Paratyphus sagt, erinnern die durch diese Erreger hervorgerufenen Erkrankungen in vieler Hinsicht an den echten Typhus.

Die Paratyphus B-Infektion, die für uns hauptsächlich Bedeutung hat, läßt nach einer Inkubationszeit von oft nur wenigen Stunden, manchmal aber auch Tagen, starkes, jedoch wechselnd hohes Fieber mit Schüttelfrösten, Kopfschmerzen, niedrigem, doppelschlägigem Puls, Leibschmerzen, Erbrechen, schleimigen Durchfällen, Milzschwellung, Hautausschlag und Bläschenausschlag an den Lippen, starkem Durstgefühl, Wadenkrämpfen und anderen choleraähnlichen Symptomen auftreten.

Vom Typhus, den wir nachfolgend besprechen, unterscheiden sich die Paratyphuserkrankungen durch ihren rascheren und gutartigeren Verlauf. Eine spezifische Behandlung des Paratyphus steht noch nicht zur Verfügung.

Typhus, Unterleibstyphus, Typhus abdominalis. Der Typhusbazillus ist ein bewegliches Stäbchen, im Jahre 1880 von E b e r t h und K o c h in Organschnitten von Typhusleichen entdeckt. Seine Beweglichkeit verdankt es, wie L ö f f l e r durch eine besondere Färbemethode erstmalig zeigen konnte, dem Umstand, daß es 8 bis 10 um den Bakterienleib herum verteilte Geißeln trägt. So zeigt uns Abb. 53 einige Exemplare dieser gefährlichen Mikroben.

Über die biologischen Eigenschaften der Typhusbazillen wurde oben schon das für unsere Betrachtung Wichtigste erwähnt.

In der Hauptsache dürfte der Typhusbazillus durch das Wasser übertragen werden, indem dieses irgendwelche Verunreinigungen (z. B. durch Abfallstoffe, Jauche, Dünger u. dergl.) erfährt, in denen Typhusbazillen gedeihen. Hierzu sei bemerkt, daß das Wasser deshalb nicht etwa „schmutzig" oder unappetitlich auszusehen, zu riechen oder zu schmecken braucht.

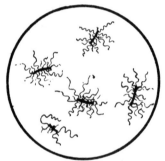

Abb 53
Typhusbazillen mit Geißeln

Auch Eis, z. B. Speiseeis, Limonade, künstliches Mineralwasser, die mit solcherart verseuchtem Wasser hergestellt sind, sowie verdünnte Milch oder gewaschenes Gemüse u. dergl. können zu Ansteckungsquellen werden.

Der Typhusbazillus vermag sich monatelang außerhalb des menschlichen Körpers, z. B. in feuchter Erde, stehenden Gewässern, Schlamm, Düngergruben, Aborten usw., am Leben zu erhalten und unter geeigneten Umständen sowohl Einzel- als auch Masseninfektionen zu verursachen.

Jede Einzelinfektion erfordert strenge Überwachung und Isolierung des Erkrankten, da von diesem die Seuche durch Kontaktinfektion, insbesondere durch

Vermittlung seiner Ausscheidungen, Wäsche, Gebrauchsgegenstände usw., leicht auf Gesunde übertragen wird.

Wichtig ist auch beim Typhus die· Erscheinung des „Dauerausscheiders", d. h. die Tatsache, daß Personen. die an Typhus erkrankt waren, aber wieder völlig gesundet sind, noch lange Zeit hindurch mit ihren Entleerungen ansteckungsfähige Keime abgeben.

Der Typhusbazillus befällt, durch den Mund Eingang in den Körper findend, zunächst die Darmschleimhaut und zwar bevorzugt er dort die Lymphorgane, durch die er sich dann auch weiter ins Blut verbreitet, um neben der örtlichen Darmerkrankung die bekannten schweren Allgemeinerscheinungen hervorzurufen.

Am häufigsten treten Typhusfälle in den Spätsommer- und Herbstmonaten auf; eine Erklärung für diese Tatsache fehlt.

Nach erfolgter Ansteckung vergeht eine gewisse Inkubationszeit (die zwischen 1 und 3 Wochen schwanken kann) bis zum Auftreten der typischen Krankheitserscheinungen. Inzwischen können jedoch schon allerlei Vorboten, „Prodromalerscheinungen", auftreten, wie Gliederschwere und -schmerzen, Mattigkeit, Appetitlosigkeit, Kopfschmerzen, Verdauungsstörungen usw.

Es tritt dann unter Steigerung dieser Erscheinungen unter Frösteln, fliegender Hitze und stetig zunehmendem Fieber das sogenannte Initial- (Anfangs-) Stadium der Erkrankung ein, in dem die Beteiligung des Darms sich zunächst durch Verstopfung ausdrückt. Die Haut des Kranken ist heiß und trocken, die Zunge ebenfalls ausgetrocknet und belegt, der Puls oft doppelschlägig („dichrot").

Nach knapp einer Woche erfolgt das Höhestadium der Krankheit unter anhaltendem Fieber, Benommenheit, manchmal Delirien, Mitbeteiligung der Atmungsorgane (Bronchitis), Aufgetriebensein des Leibes, Auftreten blaßroter Flecken (Roseolen) am Rumpf, Durchfällen. Diese Erscheinungen klingen dann bei gutartigem Verlauf der Erkrankung nach einer weiteren Woche allmählich ab und das Genesungsstadium tritt ein, oder aber es stellen sich im entgegengesetzten

Falle mancherlei Komplikationen und Folgezustände ein. So können z. B. die infektiösen Vorgänge in der Darmschleimhaut zu weitgehenden, mit Blutungen auftretenden Zerstörungen dieser, ja zu Perforationen in die Bauchhöhle, eitriger Bauchfellentzündung und damit meist zum Tode führen.

Aber auch die Leber, die Milz, das Herz, die Nieren, das Nervensystem, das Blut, der Kreislauf, ja fast alle Organe und Funktionen des Körpers können mehr oder weniger schwer in Mitleidenschaft gezogen sein. Wir vermögen jedoch naturgemäß auf diese Dinge im einzelnen nicht einzugehen und erwähnen im Anschluß an den Typhus nur noch kurz eine letzte infektiöse Darmerkrankung, die für unsere Breiten heute nur noch geringe Bedeutung hat, die

Cholera, Cholera asiatica, deren Erreger die Choleravibrionen sind, so genannt, weil sie nicht einfache Stäbchen (bacilli), sondern schraubenförmig gewundene, stabförmige Gebilde (Spirillen, Vibrionen) darstellen, deren Entdecker wieder der große deutsche Bakteriologe R o b e r t K o c h war, als er im Jahr 1883 von der deutschen Regierung zur näheren Erforschung dieser Seuche nach Ägypten und Indien entsandt worden war. Die Entstehung und Verbreitung der Cholera erfolgt auf gleichem Wege wie die des Typhus; auch die Krankheitserscheinungen stimmen teilweise mit den bei diesem auftretenden überein, was ja im Hinblick auf die gleiche Lokalisation (Darmschleimhaut) verständlich ist.

Nur erscheinen bei der Cholera gleich von Anfang an, d. h. nach einer Inkubationszeit von nur 1 bis 3 Tagen, mehr oder weniger heftige, dünnflüssige Durchfälle, oft mit Erbrechen, Wadenschmerzen und allgemeiner Hinfälligkeit verbunden. Dabei besteht völlige Appetitlosigkeit und quälender Durst.

Die Erscheinungen steigern sich dann soweit, daß Herz und Kreislauf zum Danlederliegen, ja zum Stillstand kommen können. Mit der Kreislaufschwäche geht eine starke Abkühlung und bleigraue Verfärbung der Haut einher. Auch die Nieren werden meist angegriffen und mehr oder weniger stark geschädigt.

Die Sterblichkeit dürfte etwa 50 Prozent betragen.

3. Durch Blutschmarotzer verursachte Infektionskrankheiten

Zum Schluß erwähnen wir noch kurz einige durch

Blutschmarotzer

hervorgerufene Erkrankungen, von denen übrigens eine, die durch die Spirochaete pallida verursachte Syphilis, bereits in anderem Zusammenhang besprochen wurde.

Gleichfalls durch eine Spirochaetenart entsteht das

Rückfallfieber, Febris recurrens, dessen Übertragung von Mensch zu Mensch durch Kleiderläuse erfolgt, weshalb diese Krankheit vorwiegend bei primitiven, schmutzigen Völkern auftritt. Bei uns kommen daher Fälle von Rückfallfieber nur selten und vereinzelt vor. Sie gehen mit Kopfschmerzen, Mattigkeit, Appetitlosigkeit, Fieber, Trockenheit und Verfärbung der Haut, Kreuz- und Gliederschmerzen u. a. einher.

Diese Anfälle wiederholen sich von Zeit zu Zeit, je nach der Menge des Auftretens der Spirochaeten im Blut (s. Abb. 54).

Eine andere Gruppe von Blutschädlingen bilden die zu den Protozoen gehörigen

Trypanosomen,

mit Geißeln bewehrte Mikroben, die Erreger der durch die Tsetse-Fliege Glossina palpalis auf den Menschen übertragenen **afrikanischen Schlafkrankheit** sind, welche für unsere Breiten

zwar keine Bedeutung hat, an deren Erforschung und Bekämpfung wir Deutsche jedoch entscheidenden Anteil haben. So hat sich besonders das von der I. G. Farbenindustrie geschaffene Harnstoffpräparat „B a y e r 2 0 5" (G e r m a n i n) als Bezwinger der Erreger dieser Seuche bewährt.

Eine etwas ausführlichere Besprechung gebührt unter den durch Blutschmarotzer verursachten infektiösen Erkrankungen der

Malaria, Wechselfieber, Febris intermittens, obwohl auch die Malaria in ihrer ausgeprägten Form bei uns verhältnismäßig selten ist.

Am häufigsten und schwersten tritt die Malaria in tropischen und subtropischen Ländern auf.

Die zu den Protozoen gehörigen Erreger der Malaria, die Malariaplasmodien, nisten sich in den roten Blutkörperchen des Menschen ein und entwickeln und teilen sich hier in „ungeschlechtlicher" Vermehrung etwa so, wie es die einzelnen Phasen in Abb. 55 zeigen, innerhalb zwei bis vier Tagen, wobei schließlich das

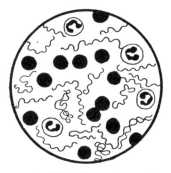

Abb. 54.
Die Erreger des Rückfallfiebers (die schlangenförmigen Gebilde) im Blut. (Die dunklen Kreise sind rote, die hellen Kreise mit gelappten Kernen sind weiße Blutkörperchen)

rote Blutkörperchen platzt und die Teilungssprossen des Malariaplasmodiums ins Blut treten, um dann von neuem rote Blutkörperchen zu befallen, was die Wiederkehr des Fieberanfalls hervorruft.

Indem das Blut eines solcherart von Malariaparasiten Befallenen von einer Stechmücke der Gattung Anopheles aufgenommen wird, findet in deren Verdauungskanal die geschlechtliche Weiterentwicklung der Keime zu wurmartigen Gebilden statt, aus denen über weitere Entwicklungsstadien wieder die sogenannten Sichelkeime entstehen, die beim Stich der Mücke in das Blut des Menschen gelangen, womit der Kreislauf von vorn beginnt.

Die charakteristische Erscheinung der Malaria ist das Fieber, dessen Wiederkehr und Anstieg, wie schon bemerkt, damit zusammenhängt, daß die ins Blut ausgetretenen Keime sich von neuem in den Blutkörperchen einnisten.

Die Haut des Malariakranken, der unter Mattigkeit, Kopf-, Nacken- und Gliederschmerzen, Frieren, Zittern, trockener Hitze usw. zu leiden hat, ist gelbbraun verfärbt, die Milz ist geschwollen.

Schwerere Ausdrucksformen nimmt die Malaria bei uns selten an; auch kommt es im Laufe der Zeit und bei zweckmäßiger Behandlung (Chinin, Plasmochin, Arsen u. a.) zu einem Stillstand der Erscheinungen, die dann nur in längeren Zwischenräumen wiederauftreten.

Abb. 55. Die ungeschlechtliche Vermehrung eines Malariaplasmodiums im roten Blutkörperchen. (Näheres im Text)

In tropischen und subtropischen Ländern pflegt die Malaria in viel schwerer Form zu verlaufen; doch können wir uns hier mit dieser kurzen Schilderung der bei uns meist auftretenden Krankheitsform begnügen

Der Zweck dieses zweiten Teils unseres Büchleins, der sich mit den häufigsten, durch Mikroben verursachten Erkrankungen beschäftigte, war ja überhaupt lediglich der, zu zeigen, in welch mannigfacher Weise die pathogenen Keime den menschlichen Organismus zu schädigen vermögen; es sollte dieser Teil somit gewissermaßen nur eine Ergänzung zu dem ersten Abschnitt dieser Ausführungen über die Bakterien bilden mit dem Ziel, das allgemeine Wissen über die praktische Nutzanwendung für den Schutz gegen Ansteckungen und die rechtzeitige Inanspruchnahme fachmännischer Hilfe bei eingetretener Infektion gezogen werden kann.

Übersicht über Infektionswege einiger wichtiger Infektionskrankheiten.

Infekt.-Krankh.	Unmittelbare Berührung mit d. Kranken	Mittelb. Berührg. (Umgebung des Kranken)	Übertragung durch				
			Trinkwasser	Nahrungsmittel	Stäubchen	Tröpfchen	Tiere
Tuberkulose	Wichtigster Weg (nur bei off. Tbk.)	sehr häufig (Taschentuch, Teppich, Wohnung)	—	selten (Milch, Butter)	sehr häufig	häufig	Rinder-Tbk.
Diphtherie	Wichtigster Weg (Bazillenausscheider)	Häufig (Bettzeug, Wäsche, Spielzeug, Wohnung)	—	selten	möglich	häufig	—
Masern, Scharlach, Pocken	Wichtigster Weg	Häufig (Wohnung, Wäsche, Spielzeug u. a.)	—	—	möglich	häufig Rachen- u. Nasensekret	b. Pocken evtl. Fliegen
Genickstarre	Wichtigster Weg (Bazillenausscheider)	häufig (Taschentücher)	—	selten	möglich	häufig	—
Influenza Keuchhusten	Wichtigster Weg	Selten	—	—	möglich	häufig	—
Typhus abdom.	Wichtigster Weg (Bazillenausscheider)	Häufig (Aborte, Wäsche, Gebr.-Gegenstände)	sehr häufig	häufig (Gemüse, Früchte, Milch)	—	—	Fliegen
Paratyphus	Wichtigster Weg (Bazillenträger)	Häufig (Aborte, Wäsche, Gebr.-Gegenstände)	häufig	häufig (Fleisch, Wurst)	—	—	häufig (Fleisch, kr. Tiere, Fliegen)
Ruhr (Dysenterie)	Wichtigster Weg (Bazillenausscheider)	häufig (Aborte, Wäsche, Gebr.-Gegenstände)	selten	selten	—	—	Fliegen
Körnerkrankheit (Trachom)	Wichtigster Weg	häufig (Taschen- u. Handtücher)	—	—	möglich	—	Fliegen
Fleckfieber	selten (nur durch Blut)	möglich durch infiziert. Läusekot	—	—	möglich durch infizierten Läusekot	—	Wichtiger Weg (Läuse)
Scharlach	Wichtigster Weg	sehr häufig (Wohnung, Wäsche, Gebr.-Gegenst.)	—	—	sehr häufig	sehr häufig	Fliegen

Sach- und Wortverzeichnis

Autorenverzeichnis